筑地鱼道

〔日〕栗原友 著

唐晓艳 译

南海出版公司

2018 · 海口

前　言

大家好，我是栗原友。我母亲是料理研究家栗原晴美、父亲是编辑兼美食家栗原玲见，自己这样说可能不太好，我从小就是吃各种美食长大的。父亲竭尽所能让我品尝各种外国珍馐，而且总是把最好吃的部位留给我。母亲总是给我详细讲解餐桌上摆放的各种珍贵食材，并教授我烹饪方法。也许正因如此，我和弟弟栗原心平都踏上了料理这条道路。

但是，相比其他国家，日本的美食节目、料理人、料理研究家真是太多了。在我踏进料理领域的第七个年头，我就开始思索：如果我不掌握一些真本事的话，就没法成为像母亲那种能够给人带来感动的料理家。因此，我决定从头学习。那么，我要学习什么呢？在所有菜当中我唯一不擅长的就是鱼。我非常喜欢吃鱼，但是并不擅长处理鱼。在超市和鱼店买鱼时，我都会请店员帮我把鱼处理好。店内摆放着各种通过养殖或冷冻保存的非季节性鱼类，但我不能分辨出时令鱼是什么……因此，我决定开始"学习鱼类"！立刻上网搜索所有与鱼相关的公司，并一个一个开始打电话，看看是否有公司在招人。终于有一家水产公司邀请我去面试了。这家公司就是我现在工作的、位于筑地市场的齐藤水产。

在这里工作的每一天都是新奇的。来这儿工作之前，我每天想喝到几点就喝到几点，没有工作的日子睡到中午才起，临近交稿期就通宵赶稿，生活毫无规律可言。到这里工作之后，每天六点以前便起床工作了。比如，去同行那里订购打包材料，补充保冷剂，剥牡蛎或螃蟹，按照顾客的要求刮鳞、去内脏，等等。还有一项有趣的工作就是给员工们做饭。用海带煮汤，加入时令鱼制作而成的味噌汤味道鲜美，喝上一口不禁赞叹真是大海的馈赠。

　　这本书记录了我在筑地的生活点滴。通过精选文章，向大家介绍时令鱼的美味、烹调方法，希望可以改善现代日本人疏远鱼的现状，并向大家传达我所感受到的鱼贝类的魅力。请多多关照。

栗原友

目录

2013年
1～12月

学习开始　鱼类初学者

鼓起勇气开始了在筑地的鱼类学习。
所见所闻都充满了新鲜感，
本章节讲述的是一位鱼类初学者的故事。

21/1 冷冻金枪鱼，略动心思也会很美味

筑地的新年是从 1 月 5 日的初次拍卖开始的。我赶在头班电车前打车去上班。我可以在市场内参观，这也是在水产公司工作的特权吧（笑）。与生意伙伴仲御先生寒暄一番后就来到了竞拍场内，眼前有一条巨大的金枪鱼，我毫不犹豫拍下了照片。随后请教仲御先生得知，那条金枪鱼就是传说中的"耶条"（最大的金枪鱼）。

电视上有个特别节目曾介绍过目前最贵的金枪鱼是 222kg，产自大间，每公斤 70 万日元，共计 1 亿 5540 万日元。太厉害了！这次将"耶条"竞拍到手的喜代村（SUSHIZANMAI）在我工作的齐藤水产附近设有总店。听说下午三点有金枪鱼分割表演，于是我也抛开工作去凑热闹了。夹在人群中，什么也看不到，这时我遇到了平时一起扔垃圾时会闲聊几句的喜代村的大哥，他把我领到店内，我才有幸能在正后方观摩。

接着说金枪鱼。金枪鱼分冷冻的和生鲜的、养殖的和野生的。其中最著名的金

新年开张时挂着旗子，气氛热烈。

枪鱼——蓝鳍金枪鱼，是最高级的品种。也是年初售卖价格最高的金枪鱼。产自青森县大间的蓝鳍金枪鱼最有名，产自北海道和长崎等地的蓝鳍金枪鱼味道也非常棒。

元旦店内大扫除，社长给我们做的早餐中有烤野生金枪鱼片，淋上少许橙子醋，鱼皮酥脆，油脂散发出诱人的香气，真是人间美味！单从油脂就可以清楚区分金枪鱼是养殖的还是野生的。社长也说"吃金枪鱼每个部位都不能浪费"。如果你买到切成块的金枪鱼，一定要试试这种做法。

但是，新鲜蓝鳍金枪鱼的价格确实有些昂贵，下面给大家介绍一下能够保持其美味的冷冻金枪鱼的解冻方法。

首先，准备盐水。盐水浓度大约为盐与水4:100。然后将冷冻金枪鱼浸泡到盐水内，待金枪鱼表面溶解后，用厨房用纸吸干水分，再取干净的厨房用纸包裹好金枪鱼，放入冰箱冷藏室内慢慢解冻。这种解冻方法可以保留金枪鱼漂亮的红色，也可以保持肉质鲜嫩。一起享受金枪鱼时光吧！

每天伴着黎明迎来一天的工作。

这是初次拍卖会上等待拍卖的金枪鱼。整齐摆放在场内。

市面上难得一见的
新鲜银鳕鱼

在筑地工作，偶尔会看到一些罕见的鱼，这到底是什么鱼呢？我首先会请教上司，如果还搞不清楚，我就会直接请教供货商仲买先生。

前几天，店内进了一条从未见过的鱼。上司也不能确定是不是银鳕鱼。因为通常银鳕鱼都从国外进口，而且都是去了头和内脏冷冻后运输的。一般大家在超市见到的银鳕鱼都是切成块状冷冻销售的，而这次店里进的鱼有头，而且还很新鲜。"身体确实是银鳕鱼，但是头一回见到有头的……"，于是我赶紧给仲买先生打了一通电话。

经确认，这条鱼果然就是银鳕鱼。产自加拿大，同行们为了保留鱼的鲜美，挑选最新鲜的银鳕鱼，事先去除内脏，直接冰鲜发货至日本，这种冰鲜银鳕鱼很少见，还带头的就更少见了。

我只吃过冷冻的银鳕鱼，而且我有点受不了解冻时渗出的汁水的腥味，再加上价格高，因此很少食用。但是这条新鲜的银鳕鱼散发着阵阵鱼香，鱼肉也非常有弹性。分割后一上架就被内行人抢购，所剩无几，我也赶紧买了一块。

我在家是这样烹调银鳕鱼的：

这就是世上罕见的银鳕鱼真容。

首先将鳕鱼块放入热水内焯一下，去除鱼腥味，加入鲣鱼汁一起煮成高汤。然后加入白菜、金针菇等蔬菜，最后用鱼露调味，就做成了一道泰式靓汤。汤越煮越浓稠，是非常上乘的汤品。

重头戏是烤银鳕鱼。将银鳕鱼撒上椒盐，放置十分钟，然后烤至鱼皮变脆。将烤鱼放入盘内，淋上橄榄油，撒上大量的新鲜欧芹。再搭配上二月正当季的蒜盐胡葱。鱼肉微甜有弹性，肥而不腻，好吃到一言难尽。为什么当时没有多买一块呢……下次一定要！不，我的目标是产自三陆海的国产新鲜银鳕鱼！我要做成刺身吃，肯定超级美味！我又多了一个期待！

烤银鳕鱼

毫不犹豫放入大量橄榄油和欧芹。

　　小时候，每次吃鱼子时，父亲就会唱一首鱼子和鲱鱼的歌谣。我从小就不喜欢吃鱼子，吃起来嘎吱嘎吱，一股盐味，实在不是我喜欢的味道。但是产鱼子的鲱鱼是我的最爱。不，应该是刚成为我的最爱！这次就给大家介绍一下鲱鱼吧。

　　第一次吃鲱鱼应该是高中时代，因研修旅行在名古屋无意间点了一份鲱鱼荞麦面，里面有鲱鱼干，骨头较硬比较难嚼。前几天早晨的伙食里有盐烤雄鲱鱼，里面满满的鱼白，味道非常鲜美。咦？原来鲱鱼是这般味道？鱼肉是如此软糯？鱼白是这般甘甜美味？从此我迷恋上了鲱鱼的味道。鲱鱼最好吃的时节是二月，现在恰逢时令，一定不能错过。

风味丰富鱼肉软糯的鲱鱼。
这次使用产自北海道的鲱鱼。

下面给大家介绍一下我是如何烹调鲱鱼的。第一道菜——鲱鱼意大利面。大蒜、洋葱切碎后用橄榄油煸炒，刺山柑切碎放入，淋上白葡萄酒，最后加上黄油，放入煮好的意大利面，搅拌均匀。装盘，再盛上用平底锅煎好的椒盐鲱鱼，一起食用。做法虽然简单，但是仍能品尝到鲱鱼软嫩的口感以及香甜的风味。还可以根据个人喜好，撒上足量的欧芹。

第二道菜——腌鲱鱼。取三条鲱鱼用盐腌制，放入冰箱内冷藏半日。将月桂、丁香、多香果、芥末籽、黑胡椒等香料和白葡萄酒醋、砂糖、水一并煮沸后冷却（腌制液）。用水冲干净鲱鱼身上的盐，拭干水分，鱼去骨切小块。紫洋葱、大蒜切片放入到腌制液中一并煮沸消毒，最后全部放入保存瓶内即可。我最喜欢就着奶油干酪一起食用。

处理雌性鲱鱼的内脏时一定要小心，不要弄碎鱼卵。如果卵袋弄破了，鱼卵粘到手上很难洗干净，而且还会弄脏洗菜槽。

顺便提一句，不光是鲱鱼，一般的鱼类都是雄性的好吃。或许雌性把养分都供给了鱼卵吧。

鲱鱼意大利面
鲱鱼用平底锅煎制，
最后放入。

腌鲱鱼。

带子章鱼与什么食材搭配更好？

前几日，朋友夫妻二人来家里做客，我用各种鱼热情款待了他们。我平时都去筑地一家叫"甲州屋"的蔬果店买东西，听说长崎产的新鲜小土豆非常棒，便买了一些。这种土豆水分较多，我打算煮熟后用自家制的鳗鱼沙司炒。但是，这种土豆搭配什么鱼味道更好呢？那天，我决定搭配新到货的带子章鱼。

带子章鱼的时令是冬季到初春。主要产地是兵库县的明石和淡路岛、大分、佐贺等。日料一般会将章鱼与萝卜、芋头一起煮着吃。章鱼子一煮就像米粒一样，所以也叫大米章鱼。买回新鲜的章鱼可按照以下方法处理。首先将章鱼头翻过来，露出墨囊和

首先将章鱼头翻过来，露出墨囊和内脏。然后去除鱼嘴。

内脏。这时一定不要弄碎卵袋。然后去除位于章鱼脚正中央的鱼嘴。章鱼容易滑落，要用手抓牢，或者先去除鱼骨再处理。

今天的菜谱就是带籽章鱼炖豆子西红柿。新鲜章鱼用盐揉搓后用水冲掉黏液，拭干水分备用。锅内放入拍碎的蒜和意大利红辣椒，用橄榄油翻炒至产生香味，然后加入少许盐和带子章鱼，一并翻炒。章鱼稍微加热后，加入西红柿酱、水煮红芸豆和鹰嘴豆翻炒，再加入水和高汤炖煮至收汁，最后加入适量盐调味。这道菜和煎土豆非常搭配。红芸豆和鹰嘴豆吸满了章鱼的味道，非常好吃！

为了能找到更适合与带子章鱼搭配的豆子，我之后又专门去了一趟经常光顾的豆类专卖店——山本商店。询问店员"我想找一款与章子的口感、色彩能相互搭配的豆子"，他立即回答我"我们这里有一款珍贵的白小豆"。这是一款昂贵的豆子，确实可以一试，于是我尝试做了一道带子章鱼炖白小豆。

白小豆先焯水沥干。用橄榄油炒制蒜末和洋葱碎，加入带子章鱼、白小豆、少许盐。翻炒均匀后，沿着锅边淋上一圈白葡萄酒。加入水和高汤炖煮。待豆子吸满水分，汤汁变浓稠后，用盐调味，就大功告成了。

带子章鱼炖豆子西红柿与煎土豆

土豆蘸着混合着章鱼汁的西红柿酱一起食用。

肉质细嫩美味的
盐烤本土带鱼

　　喜欢上带鱼，是从几年前开始的，那时有幸在西麻布一家叫"す
し匠　まさ（匠寿司）"的寿司店吃到了一款无比美味的带鱼。
鱼肉脂肪丰富、肉质饱满细嫩，我记得当时大家都赞不绝口，反
复点了三次单。在这之前我都没有吃带鱼的机会，对带鱼也没什
么兴趣。即使去寿司店，无非就是点一般人都会喜欢吃的鱼皮寿
司、海胆、咸鲑鱼子、金枪鱼等。来筑地工作后，我才开始体验
时令鱼带来的味觉享受。在齐藤水产学习期间，我既可以试吃时
令鱼，又要给同事做饭，每天都能吃到各种天然高级食材，嘴都
变刁了。但是，离眼光毒辣还有一段距离，需要再接再厉！

すし匠　まさ

东京都港区西麻布 4-1-15
seven 西麻布 B1F
03-3499-9178

你知道带鱼有两种吗？实际上，我也是在写这篇文章的时候刚刚查到的资料。一种叫短带鱼，眼周、背鳍呈黄色、体形较大，多从东南亚进口。另一种是国产的日本带鱼，这次介绍的就是产自大分、丰后海峡的日本带鱼。背鳍呈银色，体形比短带鱼稍细。但是照片中的带鱼看起来很肥大吧？据说是最高级别的。

带鱼的处理方法比较特别。因为背骨较硬且坚挺，可以从两侧斜着下刀切入，这样一下就能切断。这是我刚到筑地工作时掌握的带鱼处理方法。鱼的形状各不相同，所以下刀的方式也不尽相同。都说"掌握了鱼的骨骼特征，就可以把鱼处理得很漂亮"，但其实没那么简单。还有人说，真正处理鱼的时候，即使你没有那么高超的技术，只要有一把无比锋利的菜刀，就可以轻松搞定。我也不这么想啊……

言归正传，我是怎么吃带鱼的呢？最终还是选择了西式盐烤带鱼。盐烤好的带鱼淋上橄榄油，再配上用黄瓜丝、酸橙、橄榄油、椒盐调配的小菜。还可以将莳萝切碎撒上，味道也很好。我这次做得比较简单，没用莳萝。简单的烹调方法更能突出带鱼的美味。丰富的脂肪，细嫩的鱼肉，无以言表的诱人香气，有机会一定要尝一尝。记住要吃日本的本土带鱼，本土的！

西式盐烤带鱼

搭配黄瓜丝食用味道更佳，也可以在配菜的黄瓜上加上切碎的莳萝。

19/3

代表吉祥的鲷鱼
如何烹调更好吃？

　　鲷鱼是一种在日本几乎无人不知的体形较大的鱼。但是，这种鱼还是有很多讲究的。这次我们一起聊一聊正值三月时令的鲷鱼吧。

　　鲷鱼被称为连头带尾的鱼，因为它的日语名字里既有头也有尾。

　　连头带尾的鲷鱼作为吉祥鱼常用在喜庆仪式上。鲷鱼为什么被认定为"吉祥鱼"呢，真是众说纷纭。有的观点认为鲷鱼的红色是吉祥的兆头，鱼肉味道高级，且稀少珍贵。大家都比较熟悉惠比寿啤酒，惠比寿神是商业之神，他右手握鱼竿、左手抱鲷鱼；大相扑获胜的力士必须要手拿体形较大的野生鲷鱼，从这里也可以看出鲷鱼代表吉祥。

购入大量小鲷鱼。

从冬天到春天，因产卵而聚集在内海浅滩上的鲷鱼，被濑户内海沿岸一带称之为"樱鲷"。到了五至六月，产卵期一过，鲷鱼品质就会变差，被称为"麦秆鲷"，市场价也非常低，雄性鲷鱼会变成纯黑色，雌性鲷鱼也会变得瘦瘦的。

选购好鲷鱼，要挑选肉质厚、鱼尾宽、较胖的鱼。眼睛上方有一片青紫色的眼影，代表鱼很新鲜，当然，鱼身色彩艳丽也很重要。

时令鲷鱼。

圆鼓鼓的腹部。

高品质的鲷鱼眼睛上方会泛青紫色。

下面介绍一下我是如何烹调鲷鱼的。

我学习鱼的处理方法时，最先学的就是鲷鱼。我每天都想着如何才能把鲷鱼处理得完美。正因如此，我买回来大量的小鲷鱼用作练习，练习完的鲷鱼我都是用醋腌制后吃。

单用醋腌的鲷鱼味道并不算太好，于是，我就用红酒醋和柠檬汁将鲷鱼腌制数小时，做成沙拉，这样可以保留鲷鱼原本的粉红色。腌之前，一定要将撒了少许盐的鱼放在冰箱内冷藏一夜。这样鱼肉会更加软糯好吃。此外，还可以买品质好的野生鲷鱼做成海带卷刺身。制作海带卷刺身时，厨师和放置时间不同，味道也会截然不同。我喜欢放置六小时，这时鱼肉沁入少许海带的鲜味，味道正合适。鲷鱼还可以直接做成日式刺身或者欧式鱼生，无论是日式、西式还是中式，都能给你带来不一样的味蕾体验。这次我用盐腌了三小时之后，把鲷鱼做成了海带卷刺身。

鲷鱼不仅仅可以直接食用，鱼头可以做成菜饭，鱼骨和内脏可以做成咸汤，总之哪个部位都不能浪费。腌制的鲷鱼可以保存一段时间，让你更长久地品尝鲷鱼的美味。对了，因为是吉祥鱼，前几天，母亲生日的时候，我特意赠送了一条连头带尾的鲷鱼作为贺礼。

母亲栗原晴美生日时，送给她一条
完整的鲷鱼当礼物。

鲷鱼海带卷刺身。

鲷鱼沙拉

用红酒醋与柠檬调味，
小鲷鱼泛着些许粉红色。

　　春天来了！说到春天，就不能不提樱虾。色泽粉嫩、口感甘甜、味道浓郁的新鲜樱虾上市啦！

　　大家都是怎么吃樱虾的呢？用生姜酱油调好的樱虾就着热米饭大口大口吃？裹面油炸后撒上盐吃？这些吃法我都想试一试，其实西式吃法也不错。只用品质上乘的盐和特级初榨橄榄油调味，是我最喜欢的食用方法。你们一定要试一试！比起酱油，盐能更好地保留新鲜樱虾的鲜味，橄榄油还可以增加虾的甜味。

　　具有冒险精神的我这次尝试制作了一款色彩粉嫩的沙拉。有时候我会在广尾町的超市购买一种长得像芜菁、名叫甜菜根的蔬

新鲜的樱虾肉质紧致有弹性，
口感微甜。

菜。甜菜根也叫红菜头，是制作砂糖的甜菜的变种。将甜菜根连皮一起煮至变软，去皮，切成薄片再切成细丝。为了增加口感和提味，加一些西芹丝，然后用盐、橄榄油和红色的覆盆子醋调味，就做好了。嗯！好香呀！

还可以用樱虾做天使细面（意大利面的一种）。好想试一试只用鱼子酱和樱虾做出来的天使细面呀。

日产的樱虾百分百产自静冈的骏河湾，其中由比市产的最有名。市面上销售的樱虾有新鲜樱虾、冷冻鲜樱虾、盐煮樱虾等产品，但主要还是樱虾干。新鲜樱虾也不定时会送到筑地市场，比如天气恶劣无法晒干樱虾时，或者捕获的樱虾太多时。

樱虾的汛期主要集中在四到六月和十到十二月。6月11日～9月30日是禁渔期。作为骏河湾的特产，当地商店一年四季都有樱虾销售。实际上，樱花盛开时才是最佳品尝时期。三月下旬正值时令，订货量也最大。

秉承"享受时令食物"的宗旨，一定要品尝一次这个时节的樱虾。让我们一起感受春天的气息！

樱虾甜菜根沙拉

甜菜根、西芹切细丝，方便食用。

真 是 太 难 区 分
马 苏 大 马 哈 鱼 与 鲑 鱼 了！

最近，我非常喜欢吃马苏大马哈鱼。味道确实好，但我怎么也分辨不出真正的马苏大马哈鱼。我也学习了辨别方法，可还是一点头绪都没有。就在这时，一直很照顾我的筑地市场的一条先生给我引荐了一位研究马苏大马哈鱼的专家。下面，我把学习到的知识做详细整理。

大马哈鱼的上市时间是春天到初夏，叫法各种各样。樱花季节捕获的大马哈鱼就叫马苏大马哈，关东地区称作本大马哈鱼，岩手县叫真大马哈鱼。

有人认为根据产区不同，有的叫大马哈鱼，有的叫鲑鱼。大

马苏大马哈鱼。

马哈鱼属于鲑科，确实是鲑鱼的同类。英语叫 cherry salmon。大马哈鱼的日语汉字写作"鳟"，因为是尊贵的鱼，所以经常作为神社的供品。

鲑鱼分为红鲑、白鲑、帝王鲑、鲑儿、大目等多个品种。而且，我们平时吃的盐烤鲑鱼还分日本红鲑、加拿大红鲑、养殖帝王鲑、智利养殖银鲑等，品种之繁多实在记不住。

那么，专家是怎么区分大马哈鱼和鲑鱼的呢？根据鱼尾的形状。鲑鱼尾巴偏尖，大马哈鱼尾巴偏圆。而且，刚捕获的大马哈鱼比鲑鱼更有光泽，鱼背上有很多星星。唉，确实很难分辨！

大马哈鱼肉质松软，非常容易熟，因此，用小火烤十分钟左右即可。用朋友送来的冲绳有机蔬菜，撒上盐、橄榄油、香醋简单拌个蔬菜沙拉，与烤马苏大马哈鱼一起食用。鱼肉柔软、脂肪丰富，非常好吃。虽说脂肪含量较高，但是并不腻。食用后回味无穷！

冲绳送来的有机蔬菜。

烤马苏大马哈鱼和蔬菜沙拉

用小火烤熟的马苏大马哈鱼
肉质鲜嫩，搭配新鲜蔬菜沙拉。

9／4　一 起 品 尝 雌 雄 扇 贝 的 不 同 吧！

扇贝柱甜，而且口感软糯，非常好吃。用来制作刺身的扇贝柱有肉质紧绷和肉质软糯两种，那么到底哪种鲜度更好呢？答案是后者。肉质紧绷是因为扇贝死后肉质收缩变硬，可能是运输或保存温度不当导致的。外观或表面看上去泛白就表示这个扇贝不新鲜了，购买的时候稍微留心一下就能分辨。

现在正值扇贝的产卵期。市面上将有壳的扇贝叫作"带壳扇贝"。稍微打开一点壳，如果内脏部分呈粉红色，就是雌性扇贝，通体呈奶油色的就是雄性扇贝。雄性扇贝和雌性扇贝在口味上并没有差异。

微甜软糯的扇贝柱。

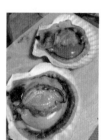

内脏部位呈红色的是雌性（上），呈白色的是雄性（下）。

下面介绍处理方法。首先把扇贝肉从壳中取出，把每个部位都拆散。扇贝柱用热水焯一下，去掉坚硬的部分。黑色的内脏用热水处理后就可以食用。缠绕在周围的线状物质也用热水焯一下，再用菜刀去除杂质，冲洗干净。红色的卵巢和白色的精巢也用热水焯一下。最后，可以根据个人喜好，用橙子醋、芥末酱油、柠檬和橄榄油等调制酱汁蘸食。

我制作的奶油油炸丸子用了雌、雄两种扇贝。扇贝柱直接用生的，其他部位按照上述方法处理后，放入调好的白色面糊里，裹上面糊后过油炸。面糊用中等浓度，记得加入足量的卷心菜。

前几天，居住在伦敦的朋友回国时，我特意做了各种时令鱼招待她。下面介绍一下我做的菜吧。扇贝柱用最近非常流行的覆盆子醋和橄榄油拌一下做成天使细面。煮好的荧乌贼仔细去除嘴巴和眼睛，然后用橄榄油和柠檬草油做成拌菜。事先用盐腌好的赤鲑鱼腹内放入百里香，再在鱼身上洒满百里香，放入烤箱内烤制，再搭配用邻居家自制的鳀鱼调味的新土豆。带子章鱼用豆子和大蒜做成芥末炖菜，还有生鱼片等。

只用鱼制作招待客人的菜肴，是件有趣的事情！趁着恰逢时令，一定要尝一尝扇贝的美味。

奶油油炸丸子

将处理好的扇贝放入浓稠的白色面糊里，充分搅拌后油炸。

为了吃到美味的三线矶鲈追到了寿司店

市场内仲买先生的"大力"是我们店的供应商之一，我经常过去打扰他们，向他们请教鱼的知识。一般我写的鱼都是自己想吃的鱼。

但是最近一直没有遇到让我动心的鱼。前几天，我问大力的职员："你们说我下一篇文章该写什么鱼呀，有没有好的建议？"结果他们异口同声地说："写三线矶鲈吧！"什么，三线矶鲈？长什么样呀？我虽然吃过这种鱼，但是从来都没有专门点过这种鱼。我对这种鱼没什么兴趣，但是我的上司跟我说："三线矶鲈，很有趣哦！你可以做做功课！"

鼓鼓的、胖胖的，看上去很好吃。齐藤水产到货的、产自鹿儿岛县的三线矶鲈。

三线矶鲈还可以做成
天妇罗，也非常好吃。

于是，我开始查阅三线矶鲈的资料。三线矶鲈为鲈形目石鲈科矶鲈属。因为生长在海岸边，取名矶鲈鱼，日语汉字写成"伊佐木""伊佐幾"。因为背鳍的图案非常像公鸡的鸡冠，因此也叫鸡鱼。英语叫 chicken grunt。200g、300g 的小三线矶鲈模样非常像野猪仔，所以也叫瓜崽、小野猪、野猪崽。纪州以前有个铁匠因喉咙里扎了根三线矶鲈的刺，不治身亡，因此三线矶鲈还有个别称"铁匠杀手"。

当天进货的三线矶鲈每公斤售价 3600 日元、产自鹿儿岛，属于高级品，鱼身鼓鼓的，一看就特别肥美。据说放在冰箱里冷藏一段时间味道更佳。于是我买回三条三线矶鲈，真空包装放在冰里冷藏两天后再食用。果然，冷藏后的鱼肉比直接吃味道更浓郁、特别。冷藏能激发鱼肉醇厚的味道。

我吃过的三线矶鲈已经非常美味了，但是山外有山。从大力社长那里得到的重磅消息："今天进了两条产自爱媛县八幡浜、每公斤售价一万日元的三线矶鲈，被市里的两家寿司店买走了。"哇！好想品尝一下呀！

我决定去追这最高级的三线矶鲈。拜托大力社长帮我预约了座位。寿司店位于上野毛，店名叫"鮨　いちかわ(寿司 市川)"。

为了三线矶鲈，我从筑地追到了世田谷区上野毛的"鮨 **いちかわ**"！
左图：三线矶鲈握寿司。
右图：三线矶鲈刺身。

店员说："大力社长已经跟我们打过招呼了。请您稍等。"随后就端上了三线矶鲈刺身。"其实明天吃味道会更好，因为大力社长特别交代过了，所以只能这样给您品尝了。"

那我不客气了！哇哦！鱼肉脂肪肥而不腻，入口即化，味道太鲜美了。我不停地反省自己：竟然一直漠视这种鱼，实在太没有眼光了！鱼的学问太深奥了。嗯，再喝上一杯清酒。然后，又呈上来各种各样的寿司和下酒菜。能第一时间得到当天的进货信息，并且想尽办法追到店里来，这也是我在筑地工作所拥有的特权。一边品尝着三线矶鲈的美味，一边回味着能在这种环境下工作是何等幸事。

后来，我在家将三线矶鲈冷藏了一个星期后制作成了刺身。我还听取顾客的建议，做过三线矶鲈天妇罗（鱼肉有弹性，非常好吃！）。

三线矶鲈从四月中旬开始上市，差不多可以持续到六月。一定要抓住机会吃一次哦！

鮨　いちかわ

东京都世田谷区中町4-27-1
上野毛 Little Tower 1F
03-3705-2266

从此，我在家也可以做三线矶鲈刺身了。

14 / 5 在 家 自 己 做 刺 鲳 干

　　孩提时代，我最喜欢吃的鱼就是刺鲳。脂肪丰富、个头较小，非常适合当早餐的配菜。小时候妈妈问我想吃什么的时候，我总会选择刺鲳干。但是，不知何时我竟然吃腻了，忘记了刺鲳的存在。马上就要迎来刺鲳的时令了。我查了一下词典，刺鲳也叫乌鲳。在关西和山阴一带叫作"静"，因为很久以前在博多有个叫静的绝世美女脸长得非常像刺鲳，因此得名（笑）。德岛县称其为"Boze"，用醋浸透鱼肉再包上米饭，就是非常有名的特产"Boze鱼包寿司"。因为醋把鱼都泡软了，所以鱼头也可以吃。

　　这次我让仲买先生帮我进了产自九州的新鲜刺鲳。首先做成

长款钱包大小的刺鲳，鱼脸非常可爱。

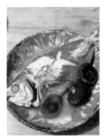

洒上酒直接上锅蒸。味道不错，但是有股鱼腥味。配菜是香菇。

刺身。刺鲳有一股特殊的鱼腥味，但入口后甜味弥漫在整个口腔内。比起切薄片，我认为切得稍厚一点更有嚼劲，口感更好。蘸着酱油或者撒点盐和橄榄油，味道超级赞！怎么都好吃！

黏液多、透明度好证明刺鲳鲜度很好，当然，作为一种高级的鱼，新鲜的刺鲳非常少见。如果鲜度不够，推荐大家将刺鲳做成盐烤、红烧、鱼干、西京酱鱼等。我把买回来的两条刺鲳，一条做成鱼干、一条做成蒸刺鲳。

在家就可以自己亲手制作鱼干。首先从鱼背处劈开鱼，用水把鱼骨之间的鱼血冲洗干净。然后放在比海水浓度更高的盐水（水与盐的比例大约是 4：100）里浸泡一晚上。一定要注意，如果盐分过低鱼肉容易腐烂。待水分蒸发完后，鱼干就做好了。一般制作鱼干都是阴干，为了更好地保留风味，也可以短时间在阳光下晒干。我制作鱼干的当天风比较大，因此我只风干了半天，这种半生的鱼干味道也很好。还可以用烤箱制作鱼干。鱼肉松软，还有些许甘甜……非常适合就着白米饭吃，请一定尝试一下。

蒸刺鲳的做法很简单，淋上少许料酒上锅蒸，出锅后淋上柠檬汁和酱油，就可以吃了。蒸刺鲳鱼肉非常松软，滑嫩……相比刺身，有一股特别的鱼腥味，这也是蒸菜的独特之处。我从小时候就非常喜欢吃这种不被人重视的高级鱼，真是太有口福了！

1 从背部切开后的样子。**2** 放在盐水内浸泡一晚。蘸干盐水。**3** 晾晒半天的刺鲳。香气迷人！

初尝银腹贪食舵鱼

我已经在筑地工作一年了。刚入职时因忙于熟悉店内情况，抽不出空闲时间品尝各种美味的鱼。但一年后情况改变了很多，现在我可以边工作边思考"今天采购的鱼如何烹调会更美味呢"。

这一年来我的变化还是很大的，比如：我能够记住各种鱼的名字和模样，能够烹调各种鱼，吃鱼的次数远远多于吃其他肉类，筑地大分量的伙食也把我喂胖了三公斤。我几乎每天都吃鱼，可以说这一年是我有生以来吃鱼最多的一年。即便如此，仍有很多品种的鱼我没有品尝过。

银腹贪食舵鱼就是其中之一，在这之前我对这种鱼甚至闻所未闻。听店里的工作人员说银腹贪食舵鱼非常美味，于是立即采

左图：开膛后，满满的白色脂肪。
右图：英文名Yellowstriped，最大特征是后背有一条亮黄色的线。

购回来亲自尝试做一做。

开膛后，看到鱼腹内满满的脂肪，我第一反应就是要搭配土豆食用。将鱼和土豆一起放入烤箱内烤，油脂渗出后被土豆吸收，肯定超级美味。

因此，我决定做银腹贪食舵鱼烤土豆。将土豆切成5cm大小的土豆片，平铺在烤盘上，再将撒满盐的银腹贪食舵鱼摆放在土豆片上，再放上可以增加酸味的绿橄榄，最后铺上一层腌大蒜和新鲜的迷迭香，放入烤箱内200℃烤20分钟左右。打开烤箱，诱人的香气瞬间弥漫在整个房间。吃上一口新鲜出炉的烤土豆和烤银腹贪食舵鱼，味道好到令人叫绝。简单的烹调方法充分保留了银腹贪食舵鱼本身的鲜美，土豆吸满了鱼肉渗出的油脂和汤汁，味道真是一级棒！鱼肉呈淡白色，脂肪肥厚，非常适合这种烹饪方法。

银腹贪食舵鱼主要产自新岛、神津岛、八丈岛等地。东京都的都花是染井吉野樱，都鸟是红嘴鸥，但都鱼是什么鱼还没定。据说银腹贪食舵鱼便是"第一候选"，可见人们对它评价之高。虽说我是土生土长的东京人，但也是第一次听说。据仲买先生说，银腹贪食舵鱼个头长不大，200克就算顶级了，价格相当昂贵。最佳食用时间是五到八月，银座的各大寿司店都会选在五月末下订单，据说这时味道最鲜美。真想旺季时再吃上一次银腹贪食舵鱼呀！

银腹贪食舵鱼烤土豆

耐热容器内铺上烘焙用纸，依次放入薄土豆片、银腹贪食舵鱼、绿橄榄。

28/5 甲 鱼 的 处 理 方 法

　　在日本，真正吃过甲鱼的人大概并不多。我之前也只是在居酒屋喝过甲鱼汤而已。真正开始自己烹调甲鱼是来到齐藤水产以后的事了。为了能够自己在家按照个人喜好烹调新鲜的甲鱼，我特意学习了甲鱼的处理方法。我使用的甲鱼是产自熊本的野生甲鱼。据说是因为捕食香鱼从上游游下来的。

　　甲鱼丢弃的部位非常少，除了膀胱、食道，其他部位都可以食用。当然，爪子是不能吃的。胆囊是否丢弃因人而异。骨头可以煮汤，皮富含胶原蛋白口感滑嫩，卵巢可趁新鲜煮熟食用，肉可以油炸或炖火锅。内脏炖火锅味道也很好。

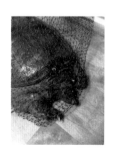

菌菇＆甲鱼火锅

1 用水和酒煮一个小时，煮至肉变得软烂。**2** 加入香料包、绍兴酒、酱油一起煮。

这次我自己处理了活甲鱼，尝试做一次很久以前就特别想吃的特色火锅。加入八角、桂皮等各种香料，再加入绍兴酒和酱油调味，配菜只放蘑菇，煮出来的汤非常鲜美。处理甲鱼时，把卵巢割下来腌上，配上烤大葱和面条食用，味道超级赞。卵巢还可以像鱼子那样用酱油腌上，配米饭吃。这样味道既浓郁又美味。超市和百货商店等地都可以买到处理好的甲鱼，一定要买回家试着做做。

下面介绍一下准备工作。首先准备"摸上去微烫"的热水，除了内脏和肉，其他部位过水烫一下，这样表面的膜就会卷起来，仔细把膜撕下。然后，将所有材料放入水酒比例2:3的混合液体内煮一小时左右。这时候甲鱼的鲜味就出来了，捞出备用，关火冷却。经过这一步骤的处理，甲鱼肉变得柔软。接下来就可以按照自己喜欢的方法烹调了。

处理活甲鱼时，总会有人说："好恐怖！好可怜呀！"拜托请不要这么说。实际上，我们每天吃的食物都是活的。我们在处理甲鱼的时候应该心怀感恩，感谢这些生命成为我们口中美味的食物。处理活物后，我都会去神社合掌祷告："感谢你今天为我提供美味。"

1将卵巢用酱油、酒、味醂腌制一晚。**2**腌制好的卵巢配上刚出锅的米饭，味道超级赞。

第二天，加点香菜后再食用，非常好吃。

　　多年前，我曾经去熊本的马肉屠宰场采访，看到马匹列队进去屠宰场入口的时候，工作人员问我："看到这一幕，你做何感想？"虽然很紧张，我也如实回答；"屠宰后就变成了可食用的马肉，连骨头都可以做成美味佳肴。"工作人员说："你能这么说，我很开心。如果你说'好可怜呀'，我就郁闷了。"我们在店内处理活鱼的时候，经过的人如果对我们说"好可怜呀"，我们也是同样郁闷的心情。因此，如果大家都能认为处理活物是为了"让我们吃到美味的食物"，我就会很高兴了。

　　经常会听到"夏天吃牡蛎会不会太危险？""食物中毒了怎么办？"的言论，现在马上就迎来岩牡蛎的季节啦！岩牡蛎高产期是六到八月。与冬天的真牡蛎不同，岩牡蛎生长在深海里，体形更大，味道也更浓郁。

　　主要产地有千叶的铫子、茨城的鹿岛、静冈的沼津、三重的志摩、德岛、大分、京都的舞鹤、富山、山形、秋田、新潟等。在东京就可以品尝到不同产区、味道各异的岩牡蛎。

　　刚在齐藤水产上班的时候，夏天的工作就是剥牡蛎和卖牡蛎。我对剥牡蛎相当自信，如果有"筑地女子剥牡蛎大赛"，我肯定能位列前三名。

　　因为去年夏天手腕受过伤，今年剥牡蛎的速度变慢了。但如果有"剥牡蛎完美大赛"，我肯定也能拿到名次。剥牡蛎最关键的就是不弄碎牡蛎肉，并将贝柱完美剥下。我每天都陶醉在自己擅长剥牡蛎的美好感觉中。

　　下面进入正题。一般要想吃到不同产地的岩牡蛎，就必须去专门的餐厅，但不要忘了这里是筑地。我拜托仲买先生弄到不同产区的岩牡蛎，这样就可以在家品尝了。

　　我一共拿回来六种岩牡蛎。平时吃牡蛎时，我喜欢蘸着用青葱、红酒醋、橄榄油、盐混合而成的酱汁。但这次为了对比不同产地的岩牡蛎，我吃的时候只淋了些柠檬汁。可以将牡蛎一口塞进嘴里，但我还是推荐上下两部分分开会更好吃，因为味道完全不一样。

　　一口气吃掉六个个头这么大的岩牡蛎还是第一次。虽然我很喜欢吃牡蛎，但说实话，一次吃这么多也很累的。大家在选购岩牡蛎时，可以参考我试吃后的评价。

　　仲买先生告诉我："用岩牡蛎做炸蛎黄味道超级赞！"我深表赞同。比起用两个个头较小的真牡蛎一并炸成大蛎黄，我更喜欢用岩牡蛎做成像牛奶一样的蛎黄，再配上用洋葱调味的自制蛋黄沙司和卷心菜丝，吃上一大口，味道真是绝妙！大家一定要试一试！

初夏的乐趣之一就是品尝美味的岩牡蛎。

岛根·隐岐产

肉质肥厚，一次吃不了太多。少量食用便可带来极大的满足感和奢华感。可以搭配小洋葱和醋调制的口味清淡的酱汁食用。

宫城产

贝柱部位微甜、爽口。本以为下面的肉质会很肥腻，但出乎意料的清淡。余味比较淡，适合当前菜，不会影响品尝其他菜肴。可搭配香槟食用。

京都产

贝柱部位肉质肥厚，下面的肉质却非常爽口，鲜香，或许是因为饵料品质好。后味比较甜。

三重产

散发着岩石的气息，肉质肥厚。强烈推荐给喜欢牡蛎的朋友们。吃完后，你都能想象出渔场的浮游生物有多丰富。

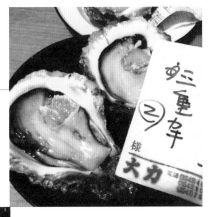

德岛产

肉质均匀，属于上上品。味道甜而不腻，比较爽口。吃完一个会再想吃第二个。

千叶产

整体肉质肥厚，像奶油。后味也没有海腥味，可以说是真正的"海中牛奶"。

11/6 香 鱼 终 于 解 禁 了！

到了六月，香鱼终于解禁啦！我父母都特别喜欢吃香鱼，因此我从小就经常吃香鱼。盐烤后蘸蓼醋（蓼的叶子研碎后放入醋和高汤混合而成）食用，香味浓郁，非常好吃。直到去了齐藤水产工作，我才知道野生的香鱼是如此高级的食材。野生的香鱼价格是养殖的三倍，贵得有点令人咋舌。如果你吃过一次野生的香鱼，就会被深深折服。虽然养殖的香鱼也很美味，但是一对比你会发现野生的肉质不一样。野生的香鱼肉更细嫩、脂肪更丰富、光泽度更好。野生香鱼的最大特征是鱼鳃旁边有清晰的黄色的线。据说香鱼是鲑鱼的同类，说的是它的洄游产卵习性，它是从大海洄溯到河川内吃河底的苔藓长大的。人们利用香鱼好斗的特性，

一般用活香鱼当诱饵钓香鱼（就是所谓"友钓"）。香鱼的争斗心特别强。著名产地有四万十川、长良川、广岛的

盐烤香鱼 亚洲风味米粉
柔和的香气四溢。

田川、熊本的球磨川，仲买先生说静冈狩野川的香鱼也是绝品。

从六月解禁到九月产卵，共有四个月可以品尝香鱼。据说鱼头朝下烤，油脂正好落到鱼头上，烤

上面是养殖的，下面是野生的。

好的鱼头就像油炸过的一样，特别好吃。确实，这个做法非常好，我决定以盐烤香鱼为基础做两道菜。

第一道菜是盐烤香鱼亚洲风味米粉。鸡架熬汤，加入少许鱼露调味，加入米粉煮熟。米粉上面再放上初春刚腌制入味的榨菜丝和小香葱碎、盐烤香鱼。烤的焦煳的部位尤其香，鱼肉浸在汤内，汤变得更美味了。这是我即兴发挥做的一道菜，味道非常不错！

第二道菜是盐烤香鱼配葡萄柚和芝麻菜沙拉，撒上足量的帕马森干酪和黑芝麻。葡萄柚的酸甜味与香鱼非常搭配，芝麻菜的微苦也恰到好处。奶酪的醇厚与香味让沙拉味道更上一层楼！

盐烤后的香鱼可以和各种食材搭配，呈现出的风味也各有特色。买一条野生香鱼犒劳一下自己吧！

盐烤香鱼配沙拉

搭配葡萄柚与芝麻菜做的沙拉。这个搭配太赞了，下次一定要亲手做给谁尝尝。

鲜美的龙利鱼让人情不自禁称赞

一提到龙利鱼，大家就会想到法式香煎龙利鱼、黄油面拖鱼。因为只知道这两种吃法，我很少买这种鱼。现在正值店内销售龙利鱼的旺季，我给自己定了个规矩：只要店内上市的鱼，我就要先尝一尝。

龙利鱼属于舌鳎科。与牙鲆鱼长得很像，但却是两种完全不同的鱼。表面有黏液，鱼皮非常硬，必须按住尾巴用钢丝球摩擦才能去掉鱼鳞。

处理完龙利鱼后，我就一直苦恼该怎么烹调，难道只能做黄油

买回松露，尝试做一次奶油松露龙利鱼。

菜板都快放不下的大龙利鱼。

面拖鱼吗？我想来点新鲜的，那就试着做奶油龙利鱼吧。先用椒盐腌制龙利鱼，裹上干面粉，用黄油煎。然后煮鲜奶油。这时我想到如果做成松露风味的或许也很好吃，就加了松露盐（加入了干松露碎的盐）和干松露，做成了松露风味的奶油龙利鱼。味道出奇的好，我曾经一星期做了两次。

鱼肉软嫩多汁，淡白色的鱼肉与味道醇厚的酱汁相得益彰！后来，我在家招待朋友的时候，把龙利鱼用橄榄油煎熟后，淋上酱油食用，还可以搭配蒜蓉土司。酥脆的蒜蓉土司配上多汁的龙利鱼，太完美了！最让人满意的是酱油与橄榄油的完美融合。有生以来第一次在家烹调美味的龙利鱼，味道好到不禁让人连声赞叹。

对了，还有龙利鱼与松露搭配，味道很特别，也很美味。现在正值夏季，是松露最好吃的时节，可以买回去尝尝，香味绝对不输给秋天的松露。可以用来做意式肉汁烩饭、意大利面、煎鸡肉……当然也可以用于烹调各种美味的鱼！

奶油龙利鱼

煮鲜奶油时可以加入松露盐和松露干。

除了做寿司，
皮皮虾还可以做沙拉

皮皮虾日语汉字写作"蝦蛄"，只看汉字的话，我完全不会读。虽然外形很像虾，但实际上它是另一种甲壳类动物。单从外形上看有的人接受不了，事实上味道很清淡，易于接受。比较著名的有产自千叶、神奈川的东京湾皮皮虾和产自濑户内海的皮皮虾。最近产自北海道的皮皮虾也声名鹊起。近几年皮皮虾的进口量也在不断攀升。由于日本国内捕获量较少，皮皮虾已经成为珍稀食材。这次介绍的是产自神奈川县柴港的皮皮虾。据说柴港为了保护资源再生，坚持捕捞两天休渔一天。因此，产自这里的皮皮虾更为珍贵。

皮皮虾在五到七月迎来了最佳季节。基本上店里卖的都是像照

透过光可以清晰看到皮皮虾腹内的鱼子。

漂亮的皮皮虾。好想都做成寿司吃呀，但是自己不会握寿司。

用鲜花椒浇汁调味，原本平淡无奇的沙拉立刻华丽变身！

片上那种煮熟的皮皮虾。有的皮皮虾腹内还有丰富的子，非常好吃。虾子甜味浓郁，正当季的皮皮虾肉质细嫩柔软、有甜味，像是鲜虾的味道。

　　说到皮皮虾的记忆，就不得不提我曾在一家著名的意大利餐厅吃过的沙拉，遗憾的是那家餐厅已经关张了。那个意大利餐厅非常有特色，店内没有菜单，每天都是按照客人的心情烹调菜品。我当时跟服务生说："我想吃用鱼做的沙拉！"于是上来一盘用皮皮虾做的沙拉。皮皮虾还可以做沙拉？而且还是意大利餐厅？我记得当时是第一次吃皮皮虾沙拉，内心还有几分迫不及待。吃一口尝了尝，味道真是太赞了！之后我一直特别想吃到那个味道的沙拉，可是已经不记得沙拉里面放了什么调料。于是决定做一款最简单的蔬菜沙拉。我用了圣女果、红叶生菜、芝麻菜，沙拉酱汁用即将过季的鲜花椒和葡萄醋煮成，再淋上橄榄油。做法虽然很简单，但是很好吃，还可以突出皮皮虾的甜味。

　　可我还是想去寿司店吃皮皮虾寿司。我基本每个月都想去吃一次寿司！

海鞘、HO～YA，横着写还很酷，但是我怎么也没法喜欢它。吃上一口，嘴里真是翻江倒海。海鞘不属于贝类，属脊索动物。以过滤浮游生物为食物，海鞘类生物差不多有2300多种（太恐怖了！）。海鞘可大概分为两种，一种是从三陆到青森一带捕获的普通海鞘，一种是北海道的虾夷海鞘、红海鞘。据说虾夷海鞘有股怪味，但是七月中旬是最好的时节，如果足够新鲜，也能吃。于是我就顺道学习了处理海鞘的方法。

首先，去掉两个突起。这个是海鞘的入水管和出水管。然后一分为二，剥开皮去掉黑色的部分和脏东西，清洗干净，然后切成合

蠕动的海鞘，好瘆人！三陆的海鞘。

北海道的虾夷海鞘。

意大利风味海鞘冷菜

将番茄沙司与橄榄油搅拌均匀，加入海鞘和柠檬，放到冰箱内冷藏。

适大小。这个时候我就有点受不了手上的怪味了。

我该怎么做才能吃下海鞘呢，我决定要好好研究一下。这次使用的是普通海鞘。该如何烹调呢？用橙子醋可能不行，或许做成我最爱的意大利口味我就能吃下去了，于是我就用番茄沙司、橄榄油、柠檬做了一盘海鞘。

机会难得，我先喝一口橙子醋吧。嗯，处理干净的海鞘好像也没有那么刺激的味道嘛。于是，我开始品尝我做的意大利风味海鞘冷菜了。番茄沙司的酸味和橄榄油的清香包裹着海鞘，味道我应该能接受。吃了一口，果然我还是受不了海鞘的后味……但只要处理干净了，海鞘也足够新鲜，我还是能吃下去的。

和我一起用餐的朋友说："这个做法好有创意呀！"然后他把海鞘吃得干干净净（实在是对不住喜欢吃海鞘的读者了）。

啊，啊，好像不像以前那么讨厌海鞘了。可我还是接受不了海鞘的后味。赶紧喝一口我最爱的可尔必思。

立秋前 18 天的丑日大家都吃鰻鱼吗？自此生日的时候吃过一次国产的野生鰻鱼后，我每次吃鰻鱼都尽量选择野生的……非常奢侈的食材。最近鰻鱼价格高涨，我决定选择正当季的康吉鳗。康吉鳗与鰻鱼一样，属于很紧俏的食材。康吉鳗身体上有很多斑点，特别像秤杆上的星，因此在筑地，康吉鳗也被称作"秤星"。

　　这次我打算挑战处理康吉鳗。准备好木板，在靠近康吉鳗眼睛的位置钉一个桩子。将鰻鱼斜放，沿着脊骨倾斜着下刀。待菜刀到达鱼臀部位时，立起刀，一气划到尾部。再沿着连接内脏的骨头下刀，将内脏从鱼腹内取出，刀刃朝上，一气划下去，削下鱼肉。接着分离鱼头与脊骨根部，倾斜下刀，再一气划到底，骨头就分离开了，

康吉鳗拌菜

将康吉鳗放在烤鱼架上烤熟，再搭配黄瓜、蘘荷、橙子醋、自制佃煮花椒，做成一道极品日式拌菜。

最后切下鱼头即可。虽然我学会了处理康吉鳗，但是如果不定期练习一下，很快就会忘记如何处理了。

上面是日产的，稍微有些金黄色。

烹饪康吉鳗之前，先烧水，将鳗鱼放入沸水中迅速烫一下捞出。然后用热水冲洗鱼身，再将菜刀上粘的黏液冲洗干净。如果省略这个步骤，会残留一些刺鼻的味道。

这次我要用康吉鳗做两道菜。首先是拌菜。将康吉鳗放在烤鱼架上烤熟，然后用黄瓜、襄荷、橙子醋、自制佃煮花椒调味，这样就做成了一道下酒小菜。做法简单，烤好的康吉鳗味道很棒。

在家练习处理康吉鳗，目前还是不太熟练。

第二道菜是改良版中式小炒。将事先处理过的康吉鳗和煮得略硬的蚕豆一起下锅炒，然后加入鸡架汤、水、盐，炖煮，最后用土豆淀粉勾芡，浇上蛋清。这道菜实在太好吃了。蚕豆是在北海道酒吧结识的一位大叔寄给我的。佐藤先生，特别感谢您今年又给我寄蚕豆！蚕豆的清甜与康吉鳗的甘甜，回味无穷。

中式康吉鳗小炒

用康吉鳗做成改良版的中式小炒。与蚕豆一起翻炒，加入鸡架汤炖煮。鱼肉嫩滑、有弹性。

"能让鲜花盛开"的花咲蟹！

"鲜花盛开了、鲜花盛开了"，在齐藤水产可以听到这样的吆喝声，是的，七月无比美味的、奢华的花咲蟹（学名：短足拟石蟹）解禁了。听齐藤水产的羽田先生这样吆喝，好多客人开始询问："什么是花咲蟹呀？"

我本人并不太喜欢吃螃蟹，来这工作之前我都分不清"帝王蟹"和"盲珠雪怪蟹"，只认识"大螃蟹"和"蟹道乐（店名）"。去年在这里工作后第一次吃到了花咲蟹，确实很好吃，散发着浓烈的香气和风味。像菖鲉、海胆、大翅鲣、花咲蟹这些一碰会伤人的生物，

左图：煮熟的花咲蟹。这样吃味道超级赞！
右图：这次使用的花咲蟹一个重约600g。个头已经很大了。

花咲蟹意大利面调味

将蟹酱放入锅内后，加入煮熟的意大利面，再用黄油增香。

味道都不错。

因这种螃蟹经常在根室的花咲半岛周边被捕获，因此得名花咲蟹。花咲蟹除了煮着吃，还可以怎么吃呢？今天我很想吃意大利面，那就奢侈一次用花咲蟹做意大利面吧。

首先煸炒大蒜碎和洋葱碎，加入切成小块的花咲蟹。倒入白葡萄酒，炒至收汁。虽然可能会有腥味，但我还是孤注一掷地把处理螃蟹时蟹壳内渗出的酱状物放入了锅内。太好了，好像没有腥味！最后，加入黄油增香，用适量盐调味，这样就大功告成了。花咲蟹的甜味与黄油的香味相得益彰。虽然是一道很简单的意大利面，但很好地突出了花咲蟹的美味。

俗话说，过了盂兰盆节秋刀鱼就好吃了！前几天我的料理教室也专门开了一堂课专讲如何享用秋刀鱼。共教了四道菜——两道西式菜、两道日式菜。

西式做法主要有两种，一种是把秋刀鱼按照做刺身的方法处理干净后，撒上大量莳萝做成沙拉。另一种是用意大利面搭配烤熟的秋刀鱼，再撒上松子和葡萄干做点缀。

日式菜有栗原家特色菜饭和酱油炒煮秋刀鱼内脏。这也是我非常喜欢的菜肴。吃上一口秋刀鱼米饭，不禁大呼奢侈！！

撒满莳萝的秋刀鱼沙拉。可以撒一些红胡椒做装饰。

下面给大家介绍一部分秋刀鱼的做法！

秋刀鱼沙拉。先将秋刀鱼按照刺身的方式处理干净。准备三条秋刀鱼，取出腹骨，小心剔除鱼刺，剥去鱼皮，切成合适大小。红洋葱、水萝卜、圣女果切片放入盘内，然后摆上秋刀鱼，稍微撒点盐，最后撒上足量的莳萝。淋上高品质的橄榄油、葡萄酒醋，再撒上红胡椒即可。肥美的秋刀鱼配上圣女果的酸味、莳萝的香味，让人垂涎三尺。

第二种做法——酱油炒煮秋刀鱼内脏。秋刀鱼去头、去内脏，冲洗干净血水，切成四等分。将内脏拍碎，混入酱油、酒、味酥、佃煮花椒做成腌料汁，放入切好的秋刀鱼腌制三十分钟以上。平底锅内倒入适量橄榄油，将秋刀鱼煎至两面金黄，最后加入腌料汁，用小火炖煮，注意不要烧焦。花椒的辣味与秋刀鱼的脂肪掩盖了内脏的苦味，再配上米饭或者小酒，真是太赞了！您一定要亲自试一试！

酱油炒煮秋刀鱼内脏。

肥美的秋刀鱼，最近价格飙升。

3/9 现在就做酱油腌鲑鱼子！

我非常喜欢吃鲑鱼子。只要去寿司店，雷打不动必点鲑鱼子，但是时令时味道最佳。前几日，店内进了最新鲜的鲑鱼卵巢。鲑鱼卵巢可以一直供应到十二月，但是卵巢的皮会渐渐变硬，九月上旬到中旬是最佳食用时间。到了年末，因为庆祝新年，很多客人会订购鲑鱼卵巢，即使卵巢皮变硬了，价格仍会持续上涨。我建议大家可以在当季时做好酱油腌鱼子冷冻保存。因此，我一口气做了足够吃到新年的分量。

大家做腌鱼子的方法各不相同，下面介绍一下我的做法。

生的鱼卵巢有寄生虫，越新鲜寄生虫就越多。寄生虫就附着在卵巢的膜上，肉眼可见。首先，要仔细去掉寄生虫，然后再剥掉卵巢的外膜，鱼子就变成一粒粒的了。

什么？鱼卵巢和鱼子有什么区别？鱼卵巢外面有一层膜包裹着鱼子；鱼子是把膜去掉后一粒粒的状态。

下面说一下如何杀灭寄生虫。即使你很仔细地去除了寄生虫，也不能排除有寄生虫进入鱼子内的可能性。有时想趁着鱼子新鲜直接食用，结果不小心吃进寄生虫，导致腹痛，那就得不偿失了。

自家做的酱油腌鱼子，
就着米饭吃个够。

杀灭寄生虫有两种方法：冷冻处理和加热处理。

冷冻处理需要在零下20℃的环境下冷冻48小时以上，一般家庭用的冰箱达不到这个温度。下面介绍加热处理的方法。只要温度超过70℃就可以杀死寄生虫，所以把鱼子放在热水内加热30秒即可。加热后的鱼子变成了白色，不要担心，放在笊篱里冷却一会儿，就变回透明了。这时用调味汁腌制一小时就可以食用了。腌制一小时时间不会太短吗？不会，不会，这个季节的鱼子膜很

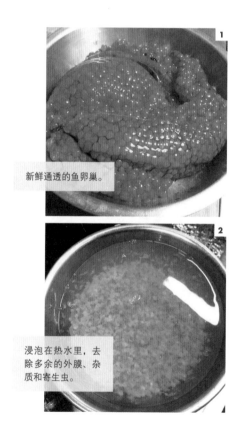

新鲜通透的鱼卵巢。

浸泡在热水里，去除多余的外膜、杂质和寄生虫。

薄，非常容易入味。吃的时候嘎吱嘎吱，非常美味！

调味汁的比例是酱油∶酒∶味酥（2∶1∶少许）。也可以将酒和味酥煮沸再使用，我一般直接使用。可以用味酥调整甜度。最方便的是直接购买熊本"千代园"的赤酒，里面包含了味酥和酒。我一般很少做日料，却对腌鱼子情有独钟。

啊，对了，改天我要做鱼子盖浇饭。哎呀，坏了，打算留着新年吃的鱼子快被我提前消灭光了……

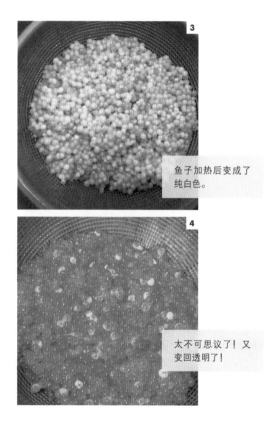

3

鱼子加热后变成了纯白色。

4

太不可思议了！又变回透明了！

鲭鱼是我秋天比较爱吃的一种鱼。我在小饭馆经常点烤鲭鱼套餐。比起鱼尾，我更爱吃脂肪较多的鱼腹部位。烤好的鲭鱼放在米饭上，鲭鱼的脂肪渗透到米粒里……我还喜欢就着紫苏腌茄子一起吃。有一句俗语叫"秋天的茄子不给媳妇吃"，还有意思差不多的一句是"秋天的鲭鱼不给媳妇吃"。这两句俗语都是婆婆欺负媳妇的意思，由此也可以看出鲭鱼是多么美味。一年四季都能捕获到的鱼一到了九月，脂肪含量就明显增多了。现在正好是九月。鱼最好吃的时节一般是九月到次年二月，嗯，还有很长的时日可以慢慢享受各种美味的鱼。

青森的鲭鱼非常肥美。

上面的产自松轮港，下面的产自走水港。

盐烤产自淡路的澳洲鲭。

有一句话叫："鲭鱼看着新鲜实际已经腐烂了"。说明鲭鱼特别容易腐烂，需要泡在冰里保持鲜度。一旦鲜度降低，酵素分解会加快，有的人吃了鲭鱼还会得荨麻疹。

不同产地的鲭鱼，味道差别很大。三陆产的鲭鱼味道最醇厚。九州产的鲭鱼味道就相对清淡。

鲭鱼还分日本鲭和澳洲鲭，从外观上就可以区别二者。日本鲭外表有条状花纹，澳洲鲭外表有黑色斑点。日本鲭的脂肪含量比澳洲鲭高，一到九月，肥美的日本鲭更受欢迎。

这次我专门品尝了产自不同地区的鲭鱼，以作对比。

我将产自神奈川县三浦市松轮港的日本鲭和产自神奈川县横须贺市走水港的日本鲭一起做成了腌鲭鱼。走水港的鲭鱼鱼肉更紧致，更有嚼劲。松轮港的鲭鱼肉质更绵软，脂肪丰富，味道也很赞。松轮港的鲭鱼是这次试吃的四种鲭鱼中最高级的。

另外还有产自青森县八户的日本鲭。同样做成了腌鲭鱼。独特的酸味和脂肪搭配均衡，味道超级赞。但因为产自远洋，要多留意寄生虫。

盐烤淡路澳洲鲭。比起日本鲭，脂肪丰富的时节要更早一些。鱼肉非常绵软，但不够细腻。

腌时令鲭鱼。左边产自神奈川县三浦市松轮港；右边产自神奈川县横须贺市走水港。

即使不逢年过节也可以品尝日本龙虾的美味

一说到日本龙虾，大家是不是就会联想到"奢华""重要的节日""聚会菜单""在海边旅馆吃到的美食"呢？其实日本龙虾一年四季都可以品尝。最好的日本龙虾产自千叶县，六七月是龙虾的产卵期，这一时间段休渔，到八月就可以捕获了。筑地的龙虾主要产自胜浦、大原等外房（日本千叶县南部从房总半岛到洲崎开始的太平洋沿岸地带的称呼）。

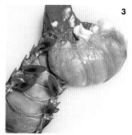

刺身的制作方法。**1** 将日本龙虾的头与身体一分两半。一只5000日元的龙虾有点贵，自己食用时可以选择重量600g左右的龙虾。**2** 头身分离后，将身体浸泡在热水里。**3** 剥出完整的虾肉。

煎日本龙虾配纽堡酱。

虽然是第一次做，但味道很棒！

我对日本龙虾的记忆还停留在当年伊豆的"山田屋"旅馆、现已过世的伯母给我做的龙虾料理。伯母总会提前准备好鲍鱼、龙虾招待我。早饭一定会给我做日本龙虾味噌汤。临走时还会给我带上店里鲜活的龙虾。

以前在家吃龙虾，无非就是烤或者煮，要不就是做味噌汤。这次我要来点新鲜的，挑战做纽堡风龙虾和龙虾刺身。

所谓纽堡风，就是在熔化的黄油里加入少许马德拉酒，充分混合后，再加入蛋黄和鲜奶油充分混合，小火加热，加入肉豆蔻增加一点辛辣的味道，这样纽堡酱就做好了。加入椒盐煎熟的龙虾配上足量的纽堡酱，味道真是太棒了！像是在意大利餐厅里吃非常高级的烤面条加干酪沙司！

制作龙虾刺身时，用热水冲洗龙虾，然后迅速冷却，这样可以轻松去掉龙虾壳。也可以将龙虾浸泡在热水里，这样也很容易取出龙虾肉，再把肉切成合适大小浸泡在冰水里让肉收紧。在家一定要试着做日本龙虾料理。

对了，内行的顾客会选择买刚脱皮，壳还比较软的日本龙虾。刚脱皮的壳非常软，可以直接油炸，味道很好。如果有机会，你可以买回家试试。

24/9

口感嫩滑、
味道甘甜的赤贝

赤贝的夏季禁渔期终于结束了，产自宫城县的赤贝也上市了。宫城的赤贝香味更浓郁，属于高级食材。目前市面上将近90%的赤贝都是进口的，国产的尤为珍贵。

宫城的赤贝通称"本玉"。韩国和中国产的赤贝通称"毛蚶"，价格只有本玉的一半。昭和30年以前还曾在千叶县检见川捕捞过赤贝，现在基本上没有了。

赤贝一般都做成寿司或者刺身。赤贝是一种壳缘长毛、两侧对称的贝类。打开贝壳后会有鲜红的水流出。据说红色水内有一种类似血红蛋白的红色血色素。难不成这水就是血？不过我认为这就是红色的水而已。

赤贝刺身。右上
是身体部分、左
下是裙边和贝
柱。装在玻璃器
皿内直接冷食。

周围长满毛的赤贝。

据说剥开的贝放在这种红色的水里后，一会儿就会复活。为了保持肉质的新鲜，不要把红色的水倒掉。用流水将赤贝肉清洗干净，然后一切两半，去除脏污、肝、裙边，从身体的一端切下去，再在案板上一拍，肉质紧致的刺身就做好了。

裙边用菜刀刮去脏污后也可以食用。宫城县产的赤贝肉质鲜嫩，甘甜爽口。说实话，我并不太喜欢吃贝类，即使在寿司店，自己也从来不点贝类寿司，但是国产的赤贝真是令人惊艳。我甚至都开始怀疑连这么美味的东西都没吃过，我长这么大都吃了些什么呀？

宫城产的赤贝在地震前因品质好被奉为名品。要是去宫城吃赤贝能帮助当地恢复渔业的话，我一定会尽绵薄之力。大家一定要尽自己所能支持为数不多的日产名品呀。

1贝壳内流出红色液体的瞬间，有点触目惊心，但是为了保持鲜度，不要倒掉。**2**去掉黑色的部分。 **3**用刀切下去还未拍之前。**4**拍完后。变得更加软糯。

说起海鳗料理，京都当仁不让是最地道的。据资料显示，从兵库县的明石和淡路岛运送海鲜的时候，因夏日炎炎很多鱼都死了，唯有海鳗还活着，从此海鳗在京都倍受欢迎。海鳗的生命力强大，所谓吃海鳗身强力壮、夏天一定要吃海鳗的说法还是有科学依据的。在京都吃海鳗是非常有风情的。海鳗寿司和热水焯过的海鳗是必吃的，海鳗火锅味道也不错。

去除海鳗表面的黏液后就可以开始烹调了。仲买先生教我用70℃的热水浸泡海鳗70秒就可以轻松洗掉鳗鱼身上的黏液。这个方法很简单吧。吃海鳗需要去骨，这需要非常精湛的去骨手艺。我练习过多次了，但仍旧不熟练。我有个朋友在京都开餐馆，要不我去

炸蔬菜鱼肉饼
店里的伙食供应的炸蔬菜鱼肉饼。
用海鳗、洋葱、小香葱、胡萝卜
做成。

那里取取经吧。

自己在家烹调海鳗时，可以委托鱼店事先把海鳗处理好。顺便提一下，我们齐藤水产就提供海鳗去骨服务。

这次我用海鳗做了炸蔬菜鱼肉饼和海鳗火锅。制作炸蔬菜鱼肉饼时，需将海鳗肉剁成肉糜，加入蛋清和少许土豆淀粉，再加少许盐，搅拌至面糊上劲。然后加入切好的蔬菜，

要是被咬上一口可就坏了！海鳗一副凶神恶煞的样子，味道却无比鲜美。

放油锅里炸即可。海鳗肉非常嫩，很容易熟，注意不要放太多土豆淀粉，也不要炸太久。

制作海鳗火锅。家里有时会有方头鱼杂碎，将鱼杂碎焯水后，慢慢炖成做火锅的汤底。配菜只有豆腐、刚买的山形县产的灰树花菌。可以用剩余的汤做拉面。鱼肉的香味渗透到汤内，喝上一口，仿佛置身于美丽的秋天。

五月黄金周一过，海鳗就陆续上市了。但是最好吃的时节是九十月，和松茸一样。这时海鳗已经产完卵，吃了大量饵料准备过冬，

鱼肉味道更加独特，再加上松茸的香味，味道太惊艳。我非常想用海鳗和松茸做一次陶壶炖菜，但是又总想去哪里先吃一次尝尝！

招待朋友吃海鳗火锅。奢侈的秋日大餐。

我 的 比 目 鱼 是 右 撇 子

之前给大家介绍过龙利鱼（P48），比目鱼与龙利鱼外表很相似，难以区分。但是内行人一看就能区分开来，我之前也总是把二者混淆。麻丘惠有一首歌叫《我的他是左撇子》，我把歌词改成"我的比目鱼是右撇子"。这样就可以简单区分。

将鱼脸正面放置时，脸朝右的是比目鱼，脸朝左的是龙利鱼。龙利鱼的嘴巴是裂开的，比目鱼的嘴巴是樱桃小嘴。而且，龙利鱼的牙齿比比目鱼的要尖锐。

这次要介绍的是长鲽。比目鱼中最美味、最高级的品种。从九月开始解禁，时令一直持续到初冬。据说，入冬前十月下旬左右，

正在店内晾干的长鲽，
看上去很好吃！

处于产卵期的雌性长鲽味道最佳。新潟县的资料上写着："晾干一夜的长鲽味道最佳。"所以我决定做一次试试。

做法是在店内学的。首先去除鱼内脏，撒上盐腌制两小时。然后轻轻冲洗，放在盐水和酒的混合物内浸泡六小时左右，取出晾干一晚上。这次制作时没有酒了，我就用烧酒代替。如果直接食用的话，口感不好，晾干后味道更佳。

据说鱼卵不容易熟，于是我就放在烤鱼架上烤了十分钟，结果，烤煳了！算了，烤煳的地方去掉一样能吃。鱼肉烤透了，味道非常醇厚，鱼肉呈高级的淡白色。丰富的脂肪、鱼卵也很有弹性。大家一定要尝一尝！

带鱼子的长鲽一般个头比较大，店里一般一条标价一万日元，属于比较贵的。但是，这鱼非常珍贵呀，难道你就不想尝一尝吗？烤熟的长鲽，鱼皮也会甘甜酥脆，味道好极了。所以，烤的时候一定要注意火候，千万别把鱼皮烤焦了。

摆放整齐的长鲽。可以看到鱼腹内的鱼子。

完了，烤煳了！懊悔不已！

鲜美无比的大翅鲌鮄

大翅鲌鮄是鲌鮄科鲌鮄属鱼类，与菖鮄属于同类。一般叫作"吉次"，关东和北海道称其为"金吉"。最大特征是通体赤红，据说是因为这种鱼每天吃的饵料是红色的虾。或许正因如此味道才会像虾那般甘甜吧！

大翅鲌鮄捕获量居第一位的地方是北海道，然后是岩手、青森、宫城、千叶、茨城。基本上一年到头店内都有供应。春天产卵期积蓄了大量营养味道也不错，但是秋冬季才是大翅鲌鮄的时令，因为这时它们的脂肪含量最高。这次给大家介绍两种北海道大翅鲌鮄的做法。

将鱼斩成两半，不是一劈为二，

你看如何，这么肥的鱼？我是在店里进的鱼中挑选出来的。

是将头尾分开。鱼头可以渗出美味的汤汁，因此我决定做一个香菜蒸鱼头。盘内铺上海带，再将撒满盐的大翅鲸鲉放在盘内，稍微淋一些日本酒，上锅蒸十五分钟左右。这样做出的鱼头，鱼肉软，鱼眼嫩滑。配上适量香菜，再淋上足量的橙子醋，原本肥腻的脂肪变得爽口。因为是蒸熟的，鱼肉比较嫩滑，鱼腹内的肝脏味道也非常浓郁，一不小心就吃多了。

下面介绍如何烹调鱼尾。吃法很简单，只需撒上盐，放在火上烤熟即可。脂肪从鱼皮中渗透出来，鱼皮绽裂，露出美味的鱼肉。味道之鲜美也只有吃过的人才能领会。鱼肉有点奶酪的香味，像乳制品一样浓厚。真是太满足了！

据资料显示，大翅鲸鲉富含不饱和脂肪酸，可以降低胆固醇，预防动脉硬化和高血压等常见病。脂肪含量高，味道好且又有益身体，真是最好不过了！

蒸熟后放上香菜、淋上橙子醋。

蒸大翅鲸鲉

锅内放水，然后放入盛有大翅鲸鲉的盘子。盖上锅盖，开火蒸。

夹上一筷子鱼肝尝一尝！

5/11 肉质饱满、味道浓厚的真牡蛎

　　牡蛎大致分为真牡蛎、岩牡蛎、地牡蛎三种。岩牡蛎属于野生的,时令是夏季。地牡蛎是某些区域特有的牡蛎,主要有欧洲平牡蛎、密鳞牡蛎、平牡蛎、住之江牡蛎等。真牡蛎是养殖的,因为产地不同,基本一年四季都有供应。但十一月味道最佳的当属产自北海道厚岸的真牡蛎!

　　每个人对牡蛎味道的偏好是不一样的。如果你喜欢像奶油般醇厚的味道,那就一定不要错过十一月上旬的真牡蛎。这个时节气温开始下降,正是北海道的鱼最好吃的时候。因为北海道海域浮游生物丰富,牡蛎自然也就营养丰富啦。秋天结束产卵的真牡蛎开始储备营养迎接下一个产卵期。所以说,牡蛎＝冬天!在这

在店内作业场内,就着橙子醋、酸橘、盐试吃。

看，这么肥美的牡蛎肉！

之后，南方的气温也开始降低，也就是大家都知道的——"冬天、牡蛎、广岛！"——牡蛎的时令来了，我敢断定这个时节厚岸的真牡蛎最好吃。我每天都在剥牡蛎，所以每天都能尝到不同味道的牡蛎。最近进货的牡蛎与平时不太一样，我一看便知这肯定是肉质肥美的真牡蛎。当然，最简单的方法就是直接生吃。

那么，还有其他的吃法吗？当然是炸着吃。这样太浪费了吧？不，绝对不会浪费。品尝时令海鲜就不要在乎各种奢侈的吃法了。口感像是调制的稍微浓稠的白汁沙司。生着吃浓厚的口感也非常像放在冰箱冷藏后变硬的白汁沙司。真不愧是"海中牛奶"！好想让大家都来品尝呀！快来看看，这牡蛎是不是个头够大，够肥！真是垂涎欲滴！大家一定要尝一尝！

这么像奶油，不愧有"海中牛奶"的美誉。

最美味莫过于炸蛎黄，再淋上蛋黄酱。

松叶蟹的禁渔期结束啦！
赶紧蒸熟了尝尝鲜

11月7日，松叶蟹终于在筑地上市了。松叶蟹是岛根县和鸟取县等地的叫法。大多数地方叫北太平洋雪蟹。去年吃过这种螃蟹，味道确实很不错，今年一上市就赶紧买来尝鲜。当天买了螃蟹直接回娘家做了。去年我在自己家煮熟了给父亲吃，今年想尝试其他做法。嗯，今天先教大家蒸松叶蟹。

首先，掀开螃蟹反面的三角部位，也就是"裤裆"处。用菜刀或铁钎子扎一下正中间的要害部位。螃蟹原本有力的手脚立刻就耷拉下来了，这代表宰杀成功。如果省略这个步骤，上火蒸的时候，螃蟹因为惊恐手脚会断掉，这样体内的水分和鲜味就会流失。

同一个角度剔蟹肉的父母。

蟹肉饱满，甘甜软糯。

盛在大盘里的松叶蟹，刚出锅还很热，蟹黄还没有凝固。

　　如果螃蟹活着的时候断了脚，它还会再生。正因如此，有时候我们会看到脚长度不一，身体平衡度较差的螃蟹。蒸锅内水沸腾后，将螃蟹背部朝下、肚皮朝上放置，在三角部位放一小撮盐，盖上锅盖蒸二十五分钟左右。这样盐就可以慢慢渗透到整个螃蟹。

　　将蒸熟的螃蟹切好后端给父母品尝。因为是蒸熟的，所以蟹壳比较柔软，可以用菜刀撬开蟹壳，这样就可以看到里面的蟹肉了。照片中的松叶蟹刚蒸熟出锅，还热着呢，所以蟹黄还未凝固，味道非常浓厚。如果买的是雌性松叶蟹，可以在煮熟以后，把蟹壳剥掉，蟹子和蟹黄混合着吃，味道会更好。

　　一年就快过完了，一定不要错过品尝松叶蟹的机会哦！

19/11 | 制 | 作 | 腌 | 乌 | 贼 |

　　枪乌贼的内脏开始变大时，就说明腌乌贼的季节终于来临了。在我工作的地方——齐藤水产，每年都会有很多客人慕名前来购买社长秘制的腌乌贼。社长制作的腌乌贼味道确实与众不同。我之前也尝试过多种做法，今年的腌乌贼是根据社长传授的做法，我自己又稍作调整制成的。

　　首先处理乌贼。乌贼身上有很多肉眼可见的寄生虫，长的蜷缩成一团的是异尖线虫，小的像米粒的是绦虫。有寄生虫说明乌贼很新鲜，但是如果误食了寄生虫可能会导致腹痛，一定要仔细处理干净。

这就是绦虫。一眼就能分辨出吧。

1

因为外出不在家，乌贼晾晒得过于干燥，本来可以更好的。

2

拍碎的内脏。这样可以更好地入味。

3

完成。看上去是不是味道浓厚。撒上花椒碎，开吃喽！

刚到货的枪乌贼。通体乌黑
代表其非常新鲜。

　　无论你怎么仔细去除寄生虫，都不排除处理不彻底的可能性。
尤其是内脏里的寄生虫非常难处理，你可以撒上盐，把内脏放在
冰箱内冷藏一小时，这样可以去除多余的水分，然后再放入冰箱
内冷冻。通过冷冻，可以杀死寄生虫，还可以进一步除去多余的
水分。

　　仔细剥去乌贼身上的皮，去掉乌贼腿上的吸盘，晾晒半日。
晾晒期间，会有隐藏在内部的寄生虫露出来，一定要把寄生虫摘
除干净。

　　晾晒半日的乌贼还有些软，这样可以充分吸收腌料。晾干后，
切成合适大小备用。

　　然后开始制作腌料。将冷冻的内脏解冻，用菜刀拍打。这也
是社长教给我的让腌乌贼更美味的秘密武器。内脏内有一些类似
软骨的物质，也用菜刀拍打碎。拍打后，口感更好，也更美味。
拍打过的内脏放入酱油、酒、味醂、五香粉，充分混合，然后放
在冰箱里腌制一晚。

　　乌贼内脏还有别的吃法吗？我尝试做了意大利面。搭配上煮
熟的土豆、豪达奶酪、鲜奶油，你可能会觉得腻，其实味道非常
醇厚，相信我！

土豆乌贼内脏意大利
面，味道超赞，好想
再吃一回！

26/11 活力满满的 云纹石斑鱼火锅

　　我比较不喜欢过冬天，但是想到冬天会有各种美味的鱼，又翘首期盼冬天快点来吧！冬天上市的鱼有我喜欢的阿留申平鲉、黑鲹，以及今天要给大家推荐的云纹石斑鱼。

　　云纹石斑鱼属于高级鱼类，一般难得吃一次。多年前，朋友带我去东京都内一家云纹石斑鱼火锅店，看到菜谱着实有些吃惊，竟然有这么名贵的鱼。现在我在鲜鱼店上班，每天都在思考店内销售的鱼该如何烹调，这样也可以更好地为顾客推荐。所以，我有必要尝一尝高级的云纹石斑鱼。这不是开玩笑，是真心话。

　　云纹石斑鱼日语汉字写作"九绘"，有时也写成"垢秽"，

云纹石斑鱼脸颊部位的肉。像蒸熟的鸡肉？猪肉？味道非常特别。

产自岛根县的重达22kg的云纹石斑鱼。好大呀！

因积满污垢比较脏的意思。九州一部分地区称云纹石斑鱼为"ARA"，但在筑地"ARA"却有别的意思。伊豆一带称云纹石斑鱼为"MOROKO"。

因九州的相扑运动员喜欢吃云纹石斑鱼，这种鱼名声大噪，一般上市时间比较晚，但是养殖的云纹石斑鱼还是很容易买到的。

我大病初愈，所以决定这次吃云纹石斑鱼火锅，用的是岛根县产的野生云纹石斑鱼。云纹石斑鱼脂肪丰富，汤汁味道特别，我琢磨是不是可以和动物汤底搭配，于是决定用猪骨汤做汤底，配菜是韭黄、油炸豆腐、大葱。是不是很简单？云纹石斑鱼先过一遍水，去除鱼腥味，再下锅煮二十分钟左右香味就飘出来了。高品质的云纹石斑鱼是没有腥味的，只有鲜美的味道。吃完后，身体从内到外都暖和起来了。

先直接吃，中间再加入大芥菜后味道就变了，最后再煮中华面。结果没吃够，又做了杂烩粥。这吃得有点欲罢不能了！这种吃法偏中式。野生的云纹石斑鱼散发着浓郁的香味，也是相扑运动员钟爱的食物之一。

一到十一月，云纹石斑鱼就陆续上市了，最近味道更加浓郁，脂肪更加肥厚，我觉得现在就是云纹石斑鱼的季节！这种鱼确实比较贵，但是作为冬天的时令鱼，一定是聚会、节日餐桌上必不可少的美味。

用猪骨汤做汤底煮熟的云纹石斑鱼和韭黄。香味非常诱人！

3/12 我 特 别 钟 爱 面 目 狰 狞 的 八 角 鱼

　　大家知道八角吗？一听到八角，大家脑海里想到的就是香料八角吧，炖猪肉时会用到的八角。我说的是鱼类中的八角，之前我也没听说过，直到在鲜鱼店上班才知道。我从来没想过这种鱼会成为我的挚爱。据我观察，原来这种鱼在超市也有售……但是因为长相恐怖，大家应该连看都不想看吧！而且看上去也不好吃，外表很坚硬，关键是不知道如何烹调。这个八角鱼呀，真的只是顶着帆鳍足沟鱼的名号孤独生长在深海里。雄性八角鱼尾鳍较长，雌性八角鱼尾鳍较短。雌性八角鱼价格偏低，但并不是说它味道就不好。八角鱼的时令是冬季，

只用大蒜、白葡萄酒调味的水煮鱼贝汁。汤汁已经足够鲜美！

从北海道运来的还带着标签的八角鱼。外表狰狞、内在鲜美。

但我夏季和秋季吃的时候已经深深喜欢上它的美味了。总之，八角鱼就是一种容易被人忽略的鱼。

初次品尝八角便深深被折服，它的美味无以言表，只一个劲地说："太棒了！太棒了！"八角鱼的绝妙之处在于本身并不是高级鱼，作为一种平价的鱼，却潜力无限。首先说说鱼肉。直接做成刺身吃，鱼肉比较甜嫩。嚼起来感觉有点儿像年糕，虽说有脂肪，但是没有腥臭味。真是太难得了，做成刺身味道都这么好！味道有点像红金眼鲷，吃上一口，味道奢华到难以言表！

稍微晾干后再烤着吃，脂肪丰富，肥而不腻。打开烤箱的一瞬间，甜香味便瞬间弥漫在整个房间里。遗憾的是鱼肉上的脂肪并没有烤到熔化。鱼肉很好脱骨，即使不擅长剔鱼刺的人吃起来也不费劲。因为鱼鳞比较硬，吃完鱼肉后，整条鱼看上去像是开口的文具盒。哈哈，不太好形容！

八角还有一点非常厉害——汤汁鲜美！于是，我就加入蛤蜊、青口贝一起做成了一道简单的水煮鱼贝汁。这样做出来的汤味道极为鲜美，浇在煮熟的意大利面上，再配上用大蒜、辣椒炒好的面包屑，真是让人垂涎三尺！吃完后，更是超级满足！

据说，有个地方特色吃法是用味噌和酒泡八角的肝脏，然后再涂到鱼肉上，最后烤熟。这样吃味道肯定也不错，我下次要试一下！

水煮鱼贝汁意大利面

吸饱了鱼贝汁的意大利面。八角鱼和贝类的汤汁鲜美无比！最后加入黄油和盐调味。

你们听说过叉牙鱼吗？这种鱼是制作秋田县特产盐汁的原料。齐藤水产有很多同事是秋田人，一说到叉牙鱼，就会带着对家乡的无比思念跟我说起家乡的事情。有时候还跟我唱当地的民谣："秋天特产，八森，叉牙鱼……"

因此，这次给大家介绍一下用秋田县八森产的叉牙鱼制作鱼火锅。叉牙鱼腹内有大量被叫作"鰰鱼子"的鱼卵，如果没有鱼卵，价格会便宜一半。叉牙鱼一般将鱼卵产在海藻里，如果海藻被海浪冲到岸上，海岸边的海水就会被染成红棕色。秋田县、青森县、新潟县的渔民为了鱼类资源的可持续性，达成一致限制捕捞鱼卵。

鱼腹鼓鼓的叉牙鱼。

比内地鸡与叉牙鱼很配哦！

目前已取得成效，叉牙鱼的数量开始增加。

这次我尝试用秋田县产的烤新米年糕制作叉牙鱼火锅。用秋田县的比内地鸡煮成的高汤做汤底，将叉牙鱼切成大块放入鸡汤内，待叉牙鱼煮出汤汁后，加入芹菜和鸭儿芹。

然后，再加入超市卖的油炸豆腐团。油炸豆腐团切成合适大小，吸满了汤汁后味道更好。叉牙鱼肉脂肪丰富，软糯鲜美。

最为独特的要数鲻鱼子了。咬上去嘎嘣嘎嘣地响，吃到最后有点黏牙，味道有点苦，也算不上太好吃，只不过嚼起来口感比较有趣。虽然鱼腹内鱼卵很多，但也不能多吃，毕竟鱼卵的胆固醇比较高。烤新米年糕在叉牙鱼与比内地鸡的汤汁内煮到快溶化时，味道最好。

叉牙鱼可以一直供应到年后，一定要做一次叉牙鱼火锅尝尝！

最近因为一直休息，整个人有点萎靡不振。店内的同事告诉我："如果想打起精神，推荐你吃点鳗鱼。"这个季节有鳗鱼吗？我一直以为鳗鱼的时令是夏季，原来现在才是鳗鱼的时令。店里新到了产自岛根县宍道湖重达1.1kg的野生鳗鱼。这个头真是够大了，鱼肉很厚实，味道肯定鲜美无比！只能用"奢侈"来形容了。因为个头太大没法在家做，只能委托鳗鱼店烹调了。新鲜的鳗鱼做熟后鱼肉还"活着"，这是鳗鱼店的特有说法，意思是鳗鱼非常新鲜，鱼肉好像还是鲜活的状态。这种状态是因为加热导致鱼肉蜷缩了。因此，我把鳗鱼放在冰箱内冷藏了两天，因为如果太过新鲜，鳗鱼也不会太好吃。

重达 1.1kg 的野生鳗鱼！

我试着做了鳗鲡肝汤。小时候特别不喜欢吃，现在竟然非常爱吃。

因为个头比较大，我决定分两次做。首先做蒸鳗鱼。把鳗鱼直接放在盘内上锅蒸，结果鱼肉蒸碎了。尽管如此，醇厚的脂肪、饱满的鱼肉，味道仍旧很赞。剩下的鳗鱼做了鳗鱼盖浇饭。不加任何作料直接放在烤鱼架上烤，烤到表面金黄后，加上适量盐、芥末，和鸡蛋卷放在蒸熟的米饭上，鳗鱼盖浇饭就做好了。这是我最爱的食用方法。据说野生鳗鱼非常有活力，味道也确实很有冲击力。浓郁的脂肪、鲜嫩的鱼肉，我很喜欢吃酱，但这次发现加了盐反而更能品尝到鳗鱼原有的味道，真是无比满足。吃完后真的是干劲十足！对了，鳗鲡肝汤味道也非常鲜美！

我非常想知道这么美味的鳗鱼是在什么样的地方培育出来的。于是特意拜访了岛根县水产技术中心的所长中东先生。宍道湖是混有淡水与海水的半咸水湖。喜欢盐分的鳗鱼到了水温开始下降的十二月中旬为了产卵会沉降到河底，游到湖里。这时候的鳗鱼被称为"下沉鳗"。产卵前身材饱满的鳗鱼在宍道湖被捕获。养殖的鳗鱼通体发绿，野生鳗鱼鱼身比较厚实，腹部是金黄色的。在大海里捕获的养殖的幼小鳗鱼是不会产卵的。现在养殖场还不具备让鳗鱼产卵的技术。在自然条件下，鳗鱼是如何产卵的也是近几年无意间发现的。鳗鱼真是一种神奇的生物呀！

如今野生鳗鱼非常珍贵，珍贵到即使在产地岛根县，如果不提前去鳗鱼专卖店预约都吃不到的程度。我有幸吃到了这么珍贵的鳗鱼，真是太难得了！明年可以去宍道湖一探究竟！

剩下的鳗鱼烤熟后与鸡蛋卷一并做成鳗鱼盖浇饭。

某一天的筑地 ❶

各种各样的伙食

我早上的到岗时间是七点到八点。到店后，大约十个员工一起吃早餐。因为我的主业是料理家，因此从工作第一天起我就承担起了做饭的重任。下面介绍一部分我做的饭。

适合男性的早餐——熏猪肉鸡蛋：培根稍微焦一点，蛋黄半熟，蛋清周边像油炸的嘎嘣脆。

筑地名吃鱼糕热汤面：做面时鱼糕当原料会比较方便。佐以福岛县产的田芹和油菜花、叶洋葱，增加春天的气息。

鲭鱼麻辣味噌煮：用豆瓣酱做的鲭鱼麻辣味噌煮。放置一晚上充分入味，就成了一道下饭小菜啦。

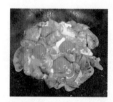

如果你要问我鸡蛋的数量和炒到什么程度，我会回答："两个，半熟。"

加入了筑地有名的"佃权"鱼糕。味道很清淡，颇受好评。

如果你吃厌了普通的鲭鱼味噌煮，那就试试这个吧！

2014年
1～12月

还有很多初次相识的鱼类

开始鱼类学习也有些时日了，
但还是有很多第一次见到的鱼。
下面掀开连载第二年的序幕！
我与鱼的相遇，
迎来了人生巨大转机。

9/1

追寻鱼的征途中 遇到了心爱的丈夫

　　我的专栏已经连载一年了。每到周一我都会习惯性地想："啊，这周我该写点什么呢？"我们家的餐桌上每天都是各种美味的鱼，连原本天天吃肉的我也变成了天天吃鱼。鱼应该是比较健康的食材。但是，我吃得太多了，所以没有变瘦。因为鱼本身也有脂肪，再加上吃的量比较大，一年下来竟然还胖了两公斤。

一月初次拍卖当天我入籍了。本来计划趁盂兰盆节放假休息的时候去世界各地品尝各种美味的鱼，就当新婚旅行了，结果春天的时候发现自己怀孕了。这张照片是我生孩子前最后一天上班时拍的。等到女儿长大了，我们一家三口可以一起出门旅行吃各种美味的鱼。（摄影／乾晋也）

我们俩很少拍合影，这张照片是正田先生给我们拍的结婚纪念照。
（摄影／正田 真弘）

　　正因为连载，我的人生也变得更加丰富了。为了写文章，我需要请教很多人，原本都没什么机会说上话的人现在都变成了可以一起出去喝两杯的好朋友。在追寻美食的路上，我的心也变得更加细腻了，我觉得是鱼让我不断接近各种美好的事物。

　　还有一件更值得开心的事，那就是我因鱼结缘了丈夫，我们现在已经结婚了。我们俩可以一起追到店里去吃市场上各种高价的鱼，可以在家一起挑战各种鱼的吃法，可以分享对比每个产地鱼的差异，就连去海外旅行两人都会去逛逛当地的鱼市场。总之，我们俩之间的话题是离不开鱼的。

　　当然，丈夫就是一个卖鱼的。从今往后，我也要作为筑地的媳妇好好与鱼相处。我还梦想着有一天能开一家专门做鱼料理的饭馆。

14/1 喜欢吃白肉的话就选鲂鲏

用 Mac 打"鲂鲏",立刻就可以显示汉字和鱼相关的介绍,说明这是一种很常见的鱼吗?我怎么完全没有听说过呢?我只知道这是一种在海底走路的鱼,但从来都没吃过。由于对这种鱼一无所知,必须得好好学习啦,于是就又来请教仲买先生了。

南至九州,北至宫城县,都可以捕到鲂鲏。这是一种全年都能捕捞的鱼,但是冬天脂肪最多、味道最鲜美。尤其是千叶县竹冈产的鲂鲏品质最好。据说这种鱼的鱼鳔也非常美味,但是为时已晚。当我知道这事的时候,我已经把鱼鳔给扔了……据说鲂鲏还可以利用鱼鳔发出"咕咕"的声音,是不是很可爱!

外表非常有特色。

刺身拼盘。左边淡粉色的就是鲂鮄。

　　鲂鮄最出名的吃法是刺身，但我知道加热做熟后味道也很棒，于是我决定一鱼二吃，一半做成刺身，头和鱼骨烤着吃。

　　刺身的味道嘛，也不过如此。鱼肉味道非常清淡，如果用舌头碾碎了吃，确实能尝到微微的甜味。虽说我也是从事料理相关工作的，但是实在不敢恭维如此细腻的味道。我还是更喜欢烤着吃。

　　撒上盐，放在烤鱼架上烤十五分钟左右即可。用筷子插一下，脂肪并不多，鱼肉很厚、很软。吃上一口尝尝，味道很像鸡胸肉。鱼肉呈淡白色，家里有牛油果酱，就一起蘸着吃了。我个人喜欢味道更加浓郁、脂肪丰富的鱼肉。

　　鲂鮄可推荐给喜欢吃白肉的人，非常适合做刺身，可以趁着新年招待各位亲朋好友。

21 / 1　用肉质紧致味道甜美的北极贝做咖喱饭

实际上，我很少吃贝类，即使去寿司店，自己也从来不点贝类。我特别喜欢牡蛎、扇贝、鲍鱼、马蹄螺、杂色鲍、蛤蜊、蚬子、菲律宾蛤仔，但并不喜欢吃个头较大的贝类。我吃过几次大型贝类，但是自己从来没有亲自处理过。

上周，店里摆放着两个个头很大的贝类。这是什么贝？这么大，味道怎么样？出于好奇我决定实施"征服北极贝计划"。

据同事说，比起做刺身，这种贝烤熟了淋上点儿柠檬汁味道更好。嗯，那就烤着吃吧，这样更简单。用刀插进贝壳缝隙里，取下连接左右两侧贝壳的贝柱，贝壳就打开了。小心取出贝肉，

北极贝和扇贝。一般大型贝
类味道都比较寡淡。

北极贝咖喱饭

将蔬菜炒过后加入水和咖喱粉炖煮。待汤汁黏稠后，加入贝类。

没有多余的食材，只用土豆、扇贝、北极贝做成的简单咖喱饭。我吃了三盘。

将贝肉一切两半，冲洗干净。用燃烧器加热烤熟，最后挤上柠檬汁。趁热放入口中，味道和想象的完全不一样，一点腥臭味都没有，还有一股岩石的香气……

　　下面做一道以前就注意到的菜——北极贝咖喱饭。据说这是去北海道必点的一道菜。我看只有北极贝和咖喱，所以从来都没有点过。据吃过这道菜的人说，贝肉甘甜，汤汁口感也不错。一提到北海道、贝类、咖喱，我决定这次做的时候再奢侈地加上扇贝肉。用黄油炒一下洋葱，然后加入土豆和胡萝卜，再加入日本咖喱，最后加入用黄油和白葡萄酒煎熟的北极贝和扇贝，混合均匀后即可出锅。散发着贝类特有香气的美味咖喱饭就做好了。味道真的很棒！北极贝肉质紧致甘甜，也非常适合做咖喱意大利面。我终于明白为什么北海道人会把贝类与咖喱搭配在一起食用了。这道咖喱饭有股魔力，吃完一盘后还想再吃一盘，被深深吸引不能自拔。

鮟鱇鱼美味的"七大宝"

到了吃美味的鮟鱇鱼火锅的季节了。平时多放点鮟鱇鱼肉、蔬菜就可以了，这次我要做一个奢华版的鮟鱇鱼火锅。

你知道"鮟鱇鱼的七大宝"吗？就是肝、卵巢、鱼鳃、鱼鳍、鱼皮、胃、鱼肉。鱼肉还分面颊部位的"鱼柳"和鱼尾部位的"大肉"。

味道最让我吃惊的就是卵巢。卵巢上布满了纵向的褶子，不可思议的是鱼卵就藏在这些褶子里。吃起来软软糯糯的，味道特别鲜美。看上去非常淡薄的卵巢，放在锅里一煮，汤汁立刻变得浓稠。

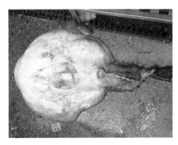

来自青森县重达30kg的鮟鱇鱼。

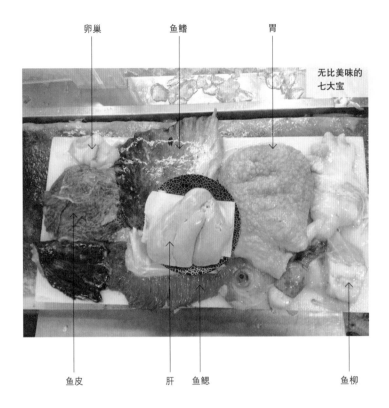

卵巢　　　　　鱼鳍　　　　　　胃

无比美味的
七大宝

鱼皮　　　　　肝　鱼鳃　　　　　　　鱼柳

　　如何才能买到这七大宝呢？不好意思，只能请您买整条鮟鱇
鱼了。有时候客人只要鱼身，所以凑巧的话，在店里也能遇到这
七大宝。如果你感兴趣，可以提前跟店里打招呼。

　　超市里卖的鮟鱇鱼一般只有鱼肉和鱼皮。如果只用这两样做
火锅，需要将鱼肉和鱼皮用热水焯一下去除鱼腥味和黏液。如果
用七大宝做鱼火锅，食材全部过水焯一遍后，再用酒煮三十分钟
左右，食材变软口感更好。

下面，教大家如何制作鮟鱇鱼火锅。

首先处理鮟鱇鱼肝。生鱼肝、酒、生姜、大葱叶一起上锅蒸十五分钟。蒸好后，去掉生姜和大葱。将鱼肝和汤汁、喜欢的味噌一并放入料理机内搅打。这次我用的是白味噌。锅内放入海带高汤或贝类高汤，选择自己喜欢的高汤即可，我用的是自己煮的猪骨汤，猪骨汤与海鲜的味道很搭。

锅内先倒入高汤，再放入已经煮好的鮟鱇鱼肉或七大宝，再放入个人喜欢的蔬菜和做好的肝味噌，搅拌均匀至味噌溶化。最后调味，可以用味醂调成甜味，也可以用盐或酱油调整盐味。用什么蔬菜都可以，我这次用的是卷心菜和白菜。煮沸后，就可以开吃了。还可以稍微加点柚子皮，让味道更清香。

全部吃完后，还有一件重要的事。那就是洗干净大米，用汤底做杂烩粥。出锅前，放入少量肝味噌，如果想让汤汁更浓郁，可以打个蛋。这样口感醇厚的杂烩粥就做好了，味道真是太棒了！

栗原友牌鮟鱇鱼火锅的制作要点就是"鮟鱇鱼肝味噌"和"猪骨汤或排骨汤"。

照片中是丈夫从筑地火速送回来的鮟鱇鱼。

1

鮟鱇鱼肝味噌。也可以用来做乌冬面。

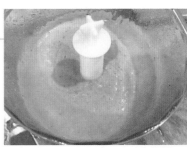

2

放入大量肝味噌，搅拌至溶化。

3

蔬菜只放了卷心菜和白菜。

4/2 超赞的河豚寿喜锅

大家都是怎么做河豚的呢？可以做火锅、刺身、油炸、天妇罗、鱼鳍酒……但是，大家是不是从来都不在家自己做呢？

前几天，特意买了野生红鳍东方鲀庆祝结婚纪念日。因为丈夫持有河豚烹调许可证，所以我们决定自己在家烹调。可是怎么吃呢？依旧做火锅吃？唉，这个吃法已经吃够了。我们查了一下其他各种罕见的做法，最后决定做寿喜锅。

只用红鳍东方鲀的鱼白和带骨的鱼肉。配菜有茼蒿、魔芋丝、灰树花菌、煎豆腐。准备好鸡蛋液，开火煮。一般会用牛油，这次我用的是猪油。稍微煎一下河豚肉和鱼白，然后一口气加入三温糖（因为没有粗砂糖了）、酱油、酒，稍微煮一下后就可以开

做寿喜锅时不需要使用河豚皮。鱼肉一次吃不完，剩下的可以改天油炸。

可以吃到很多的蔬菜。这个做法我一定要教给大家！

吃了，蘸上蛋液，味道好得不得了。鱼肉很有嚼劲，味道浓郁还透着一点甜辣味。

鱼白已经很软烂了，如果整个塞到嘴里会被烫伤的，用筷子把鱼白夹开，蘸上蛋液，再就着魔芋丝和灰树花菌……这个吃法太赞了，已经被列入我家保留食谱里了。

对了，最后剩下的蛋液可以拌饭吃。这种吃法直到最后都乐趣无穷。我把照片传到社交网站上后，好多朋友留言要求我请客。嗯，可以招呼一堆朋友来家里开个"河豚大 Party"！

鸡蛋与河豚鱼白味道很搭。

18/2 适合身体不适时食用的鱼

从很早以前我就经常嗓子发炎，每年都会因此多次高烧，前几天我决定做手术摘除扁桃体。出院后一周终于可以吃一些细软、容易嚼的食物了，之前只能喝汤或者吃用料理机打碎的流食。因为还要给丈夫做饭，于是我决定好好研究一下食谱。

这次给大家介绍一下我术后的一部分饮食，大家也可以试着做哦！

海鳗蔬菜汤

以市售的猪骨汤为汤底，加入海鳗、芹菜、白菜、卷心菜、胡萝卜、小油菜等各种蔬菜做成的汤。海鳗？是不是很惊讶，对，

左图：用在高知县买的冷冻海鳗做成的汤。
右图：把汤搅拌后，加入石莼和海带丝、鸡蛋做成的病号饭。

我用的就是海鳗。去年去高知县出差的时候，专门买了冷冻海鳗肉。因为我觉得海鳗富含胶质，做出来的汤比较浓稠，于是我就试着做了，事实证明海鳗非常适合做汤。煮出来的汤汁浓稠，放到第二天，汤变成了果冻状，富含胶原蛋白，真是太棒了。遗憾的是，我把这果冻状的汤搅拌了，加了石莼和海带丝一起吃。即使这样，我也吃得无比满足！

下酒菜：香菜康吉鳗

因为也没法给丈夫做正常的餐食，于是我用做烤鸡时烤出的鸡油做了盐烤康吉鳗。将康吉鳗切碎，涂上鸡油后开始烤。烤熟后，撒上椒盐、香菜碎，就成了一道美味的下酒菜了。当然，我现在还不能喝酒。

牡蛎菠菜浓汤

这道菜你一定要做！因为做法非常简单。用黄油煸炒洋葱和蘑菇，再加入煮过的菠菜和豆乳，搅拌即可。可以加入自己喜欢的汤料，我加的是蔬菜汤料。用厨房用纸拭干煮好的牡蛎身上的水分，稍微加点盐再裹上面粉，用黄油煎至两面微微上色变黄后，放入汤内一起食用。不是我自吹自擂，这个汤真的非常好喝。因为没有买到原味豆乳，用的是微甜的豆乳，但并没有影响味道。再次推荐大家试一试！

菠菜牡蛎浓汤。

冷冻的康吉鳗切小段后烤熟，再撒上椒盐、香菜即可。

25/2 搬家期间吃的 金目鲷小火锅

　　我最近正忙着搬家。一般都是新家装修好了之后再搬，但是业主说装修工人太忙，搬家公司的货车也没空，总之就是违规操作，强迫我们提前搬到正在装修的新家里。

　　因搬家没结束，厨房用具还打包未整理，只好用最简单的烹调用具开始我们的新生活。现在这个季节正值金目鲷脂肥肉嫩，在家可以做个小火锅吃。将自己喜欢的汤底料放入锅内煮成汤汁，然后将用热水焯过的鱼杂碎放入锅内，再放入大量葱丝和壬生菜，简单的小火锅就做好了。味道偏甜，非常鲜！我非常喜欢吃金目鲷，奈何手边东西实在是不全，其实像这种脂肪丰富的鱼更适合烤着吃。

金目鲷鱼杂碎。鱼眼是我的最爱。

做成小火锅吃，味道有点过于清淡，总觉得差点意思。于是，我加入了橙子醋酱油调味，味道顿时丰富起来了。金目鲷的脂肪开始散发出诱人的香味。因此，我得出结论：金目鲷非常适合用酱油调味！

虽然做法很简单，但是我觉得大家还是有必要趁着这个季节尝试做一次味道鲜美的小火锅。毕竟现在天气寒冷，再煮点乌冬面或拉面、杂烩粥之类的，美哉！

1 煮好的汤汁，看上去很美味，感觉这样直接吃也不错。**2** 现在正忙着搬家，用的是一次性筷子和纸盘，连锅用的也是普通的做饭锅。但是锅内的食材确实是极为奢侈的金目鲷！我喜欢把金目鲷切厚块放锅内煮。**3** 眼珠果然是我的最爱！遗憾的是没有拍到鱼肉。

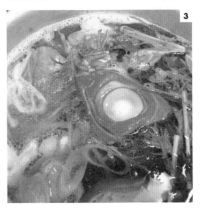

11/3 女 儿 节 品 鉴 蛤 蜊

蛤蜊的两枚贝壳紧闭，因此是"夫妻圆满的象征"，饱含着"将来遇到称心如意的另一半"的心愿，人们有在女孩节（也叫桃花节）吃蛤蜊的习俗。这时也正值蛤蜊产卵期，是蛤蜊味道最鲜美的季节！

我已经找到了人生的另一半，所以今年的女孩节就帮大家品鉴一下蛤蜊吧（是不是有点牵强）。

这次选用了产自三重县桑名的蛤蜊和产自千叶县九十九里的蛤蜊。我查了一下蛤蜊的做法，发现有一道叫蛤蜊蒸蛋的中国菜，就赶紧试着做起来。蛤蜊用酒蒸熟，加入中式汤底和水、全蛋液，少许

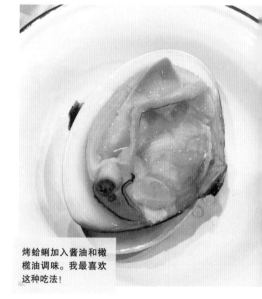

烤蛤蜊加入酱油和橄榄油调味。我最喜欢这种吃法！

盐调味。蒸熟的蛤蜊连壳一起放入容器内，大火蒸两分钟，转小火蒸十分钟左右即可。出锅品尝，味道格外的鲜美！

　　用相同做法做的蛤蜊蒸蛋，产自桑名的蛤蜊味道更浓厚。但是，如果是烤蛤蜊，产自九十九里的蛤蜊更鲜嫩多汁，香味浓郁。是的，不同的做法，味道也不一样。趁着这个季节多尝试几种蛤蜊的做法吧！

产自桑名的蛤蜊。

产自九十九里的蛤蜊。从外观上看，产自桑名的蛤蜊更圆一点。

蛤蜊蒸蛋做好了！我个人非常喜欢，鸡蛋嫩滑。

中式蛤蜊蒸蛋

将全部材料放入耐热容器内，待锅中水沸腾上汽后，容器放入锅内，盖上锅盖蒸。

18/3 与银宝鱼的 第一次亲密接触

大家认识银宝鱼吗？我之前从来都没有见过。去年和前年我都错过了这种鱼。银宝鱼的时令非常短，从三月中旬到初夏。我问同事该怎么烹调这种鱼，大家异口同声地说"天妇罗"。据说银宝鱼是江户前料理中著名的制作天妇罗的食材，以产自东京湾的最出名。但实际上从北海道到九州都能捕捞到这种鱼。

银宝鱼是鲈形目绵鳚亚目鳚科鳚属。太不可思议了！明明看上去很像康吉鳗的同类。摸一下背鳍会感到刺痛，

美丽的银宝鱼。

三月

银宝鱼

别看它个头小，背上全是刺。

　　最后我决定用银宝鱼做成天妇罗三明治。我按照制作炸鱼加炸土豆片的方法调制了裹面。将啤酒与面粉混合均匀，这样炸好后更加酥脆。

　　用超市买回来的面包，夹上银宝鱼天妇罗和芝麻菜、红菊苣、盐、橄榄油。嗯，鱼肉非常细嫩，香味浓郁，而且味道很甜。据说天妇罗店多使用活的银宝鱼，大家可以去尝一尝。

　　既不是鳗鱼，也不是康吉鳗，而是能让人感受到春天气息的银宝鱼！今后，还请多多关照哦！

鱼鳍是红色的，非常可爱。

味道浓厚！

海胆西红柿奶油意面

我在电视上看到过一家海胆专门店做的海胆意大利面，好像很好吃的样子，这次我决定参考电视节目自己在家做一次海胆意大利面。

本次使用的海胆是瓶装的生海胆和盐海胆。生海胆是紫海胆，盐海胆是美球海胆。众多海胆中可供食用的主要有美球海胆、虾夷马粪球海胆、红海胆和紫海胆。

这些海胆中经常听说的只有美球海胆和紫海胆，我平常吃的基本上都是紫海胆。美球海胆的捕获量只占总捕获量的一到二成，

左图：第一次吃瓶装的生海胆。非常奢侈地偷偷吃了一勺。
右图：这次使用的两种海胆。

海胆西红柿奶油意面做好了。味道非常浓郁，好吃到爆！

相当稀缺。大家一般都认为美球海胆的味道更浓郁、更好吃，但我个人觉得这两种各有千秋。顺便说一句，我们吃的海胆的黄色部分其实是海胆的卵巢。不知道了吧！

说起海胆，就不得不提"明矾"。明矾起到防止海胆变形、保鲜的作用，因为是一种食品添加剂，很多人认为明矾有一种特别的味道和涩味。因此，不添加明矾的海胆被奉为"高极品"。嗯，我用的海胆就没有添加明矾。

下面说一下意大利面的做法。首先，用橄榄油焖炒大蒜和辣椒，然后加入整颗西红柿，把西红柿捣碎后煮成味道浓郁的西红柿酱。再加入盐海胆、鲜奶油，搅拌一下，最后加入煮好的意大利面搅拌均匀。装盘后，放上生海胆做装饰。

是的！味道超级赞！还处于宿醉中的我也毫不犹豫吃了个精光。

超级深海鱼阿留申平鲉

如果不来齐藤水产工作，我可能永远都不会认识一些鱼类，阿留申平鲉就是其中之一。以前打工的时候，我听人说阿留申平鲉是二十多岁男青年最爱的鱼类。现在看来，那么年轻就能品尝出这种鱼的独特之处，真是厉害！阿留申平鲉的味道确实非常独特，脂肪丰富，像是猪排骨。是的，特别像吃炖猪肉块时渗出的脂肪。那种感觉真的是一模一样！

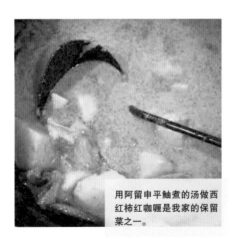

用阿留申平鲉煮的汤做西红柿红咖喱是我家的保留菜之一。

所以阿留申平鲉非常适合做味道浓郁的菜肴，尤其适合炖煮。其次是炖汤。用鱼杂碎炖出来的汤可谓一绝，我尤为喜爱。我最喜欢用阿留申平鲉鱼杂碎炖好的汤做泰式红咖喱。汤内再加上西红柿做成的咖喱饭真是绝品。

还有一种做法是火锅。阿留申平鲉的脂肪非常适合与肉类搭配，我曾经奢侈地用阿留申平鲉汤汁当汤底做了猪肉火锅。当然，只加点盐煎熟的话味道也不错，但是酱油的味道与脂肪的味道更搭。前几天，我第一次吃蒸阿留申平鲉鱼杂碎，被它的美味震撼到了！鱼肉非常嫩滑，味道微甜没有腥味，口感也出类拔萃。

阿留申平鲉体形很大、价格也很高！

阿留申平鲉生活在深海，主要捕食虾类食物，因此全身通红，煮出的汤汁也无比鲜美。阿留申平鲉生活在水深 200～1000 米的地方，捕捞上岸后，因为水压急剧变化导致眼球凸出。阿留申平鲉的眼球很大，味道甘甜、超美味。遗憾的是，阿留申平鲉属于高级鱼，因筑地聚集了大量爱鱼人士，这种鱼一上市就被抢购一空了。是不是很不一般？你要是连阿留申平鲉都知道，一般就会被认定是内行了。吃一次，必定回味无穷。有机会的话，一定要试试。阿留申平鲉现在既是我的偶像，又是我最爱的五种鱼之一。其他最爱的鱼是哪些呢？金枪鱼、带鱼、秋刀鱼、鳗鱼、马苏大马哈鱼、小大马哈鱼……好难选！

阿留申平鲉与猪肉小火锅。最后用汤煮一碗拉面。

8／4 萤乌贼的诱惑

富山的萤乌贼最为著名。萤乌贼一般生活在水深 200 ～ 700 米的深海里，从晚春到初夏是产卵期。产卵结束后，雌性萤乌贼就会死去。萤乌贼发光时无比美丽，据说是虫荧光素和虫荧光素酶相互作用使其发光。具体是什么物质，我也搞不清楚……据说身体发光可让自己融入明亮的背景里，起到躲避敌人攻击的作用。

在京都吃的萤乌贼天妇罗。

干净、有光泽的生萤乌贼。好想直接生吃呀。

那么，该如何食用呢？最有名的食用方法有酱油腌、醋味噌拌菜、风干、刺身等。看那光滑透明的身体和里面的内脏，想必做成刺身味道一定很赞。但值得注意的是，生萤乌贼有寄生虫。如果要生吃，必须把内脏清除干净，再放在零下30℃以下的冰箱内冷冻4天后才能食用……这种处理方法显然不适合在家做。总之，生吃很危险，千万不可生吃。我去年偷偷生吃了两只，虽说也没什么事，但现在想来还是很后怕。人总是这样，知道的越多越想冒险干些可怕的事情。

下面，我给大家推荐几种萤乌贼的美味吃法。

首先是，今年最爱的天妇罗，搭配咸鱼子干吃味道最好。其次是我的料理教室用的一个食谱，煮熟的萤乌贼搭配味噌腌蛋黄、独活、焯过的韭菜做成的下酒菜。味噌味浓厚的蛋黄与萤乌贼相得益彰。最后介绍一下我前几天在寿司店吃的蒸萤乌贼与款冬味噌。蒸熟的萤乌贼身体饱满、多汁有嚼劲，加上微苦的款冬味噌……是我的最爱！

大家觉得这几种吃法怎么样呢？正值萤乌贼时令，大家一定要多尝试几种吃法。注意一定不要生吃。

萤乌贼也是晚春的季语，意味着春天真的已经到来！

与味噌腌蛋黄搭配食用，最适合下酒了。

15/4

 一起关注一下飞鱼吧

你吃过飞鱼吗？询问料理教室学员这个问题的时候，大多数人回答在居酒屋之类的小酒馆吃过，基本上没在自己家吃过。确实，即使时令季节，在超市也很少能见到飞鱼。

飞鱼的时令是从初夏到初秋。一般都是从和歌山、四国等地运送过来的。这个季节的飞鱼都是产自八丈岛的。一般认为产自八丈岛的飞鱼味道更加浓郁，也许是因为饵料不同吧。最有名的

鱼肉松软的欧式鱼生。
搭配香草。

食用方法有拍松、海带卷刺身、油炸等，但我喜欢吃鱼干。

产自八丈岛的飞鱼。
一副娇小可爱的面容。

为此，我特意在料理教室召开了"飞鱼食用方法大会"。很多学员都没有见过烹调前的飞鱼，看到飞鱼巨大的胸鳍后着实有些震惊。

首先我给大家介绍了去掉鱼鳍后把鱼切成三段的方法，然后介绍了如何制作飞鱼鱼干。飞鱼鱼肉很容易切，但是对于初学者来说，要切成做刺身的薄片很难，我也不擅长这个。因此，我觉得可以把鱼肉切得稍微厚一点，再经过拍松后做成欧式鱼生。因为飞鱼脂肪含量较低，需要搭配香草和特级初榨橄榄油食用。我共教授给大家欧式鱼生、拍飞鱼、飞鱼干三种做法。鱼骨都干透的飞鱼干放在烤鱼架上烤熟，再配上一碗海带味噌汤、刚出锅的白米饭，味道实在是赞！

对于不擅长处理鱼的人或者初学者来说，万一失败了，还可以用勺子刮鱼片或敲打鱼肉，味道也很不错，不至于浪费。学员们把做好的飞鱼吃得精光，评价飞鱼"有一股独特的香味""有点甜""没有鱼腥味，口感很好"等。看到大家对并不起眼的飞鱼如此感兴趣，我感到由衷的开心。通过这种途径让学员亲密接触、品尝、评价不认识的鱼，也是我开课的初衷。

我与学员们一样，真是因为"不认识的鱼太多"才来到筑地的。现在的我比大家稍微多知道一些关于鱼的知识，能通过这种形式向大家传播鱼的魅力真是再好不过了。

　　我十几岁打工时，老板曾多次带我去寿司店。当时他跟我说："年轻人要多吃幼鰶。"我还想是不是因为幼鰶便宜呀。我从小就喜欢吃青鱼，所以还是很喜欢吃幼鰶的。

　　幼鰶最好吃的时节是四月中旬。据说被称作江户前（特指东京湾中捕获的新鲜鱼类）的幼鰶外皮柔软，颇受欢迎。而产自九州的幼鰶虽说外皮坚硬，但是相比东京湾的幼鰶，没有鱼腥味。据说有的寿司店专门使用产自九州的幼鰶，这种鱼还真是高深莫测。

　　幼鰶被称为"出世鱼"（同一种鱼在不同的成长阶段名字也不同）。从五月下旬开始上市，小时候叫小鰶鱼，长大一些后叫

幼鰶和带子鱿鱼。

从左至右产自：东京湾、佐贺、熊本。

幼鲦，稍微再长大点叫中墨，长到 15cm 以上叫斑鲦。我最喜欢吃斑鲦。长得很像个头大一些的幼鲦，脂肪丰富，剔骨后用醋腌一下就是沙拉了。

上个月，我的料理教室开设了处理幼鲦、斑鲦的课程。用红酒醋和柠檬稍微腌制一下，再搭配卷心菜、菲达奶酪、龙蒿做成西式沙拉。味道很不错，我个人比较喜欢这种做法。微甜的鱼肉搭配上菲达奶酪，味道很特别，你们可以做做试试。要记得用菲达奶酪。

我们店里做了斑鲦鱼干，放在火上一烤，脂肪渗出，香味独特。下次我要把鱼肉剔下来做成菜饭。

下面说一下小鲦鱼。斑鲦每公斤售价 300 至 400 日元，而小鲦鱼每公斤高达 10 万日元。是不是难以置信？所以，我还是只喜欢味道浓郁的斑鲦吧……

当然啦，肉质细嫩的小鲦鱼味道无比鲜美。期待时令赶紧来临，我好去寿司店尝尝鲜！

西式腌幼鲦和卷心菜沙拉

将材料切成合适大小。然后将所有材料轻轻搅拌均匀即可。

料理教室做的西式腌幼鲦和卷心菜沙拉。

13/5 春天高价的"时鲑"

　　大家知道鲑鱼的时令是秋天，秋鲑尤为出名，咸鲑鱼子也是秋天上市。但是，也有春天捕获的鲑鱼。产自俄罗斯的鲑鱼为了寻找饵料来到了三陆和北海道一带，这时候捕获的鲑鱼被称为"时鲑"（不知道时间的鲑鱼），因为不是在时令季节捕获的而得名。鲑鱼出现在日本近海后，撞到定制网内，就被捕了。这时候的鲑鱼卵巢和精巢还尚未发育成熟，鱼肉味道浓郁、脂肪丰富。总之时鲑是非常鲜美的。

　　时鲑从三月开始就在筑地上市了，过了五月黄金周以后体形变大，价格有所回落。五月是集中上市的阶段，大家可以趁机买来品尝一番。据说重约 3kg 的时鲑味道

这是弟弟给我做的香草烤时鲑。

最佳。时鲑的捕获量是相当可观的，所以我们有足够的品尝机会。为了品尝到新鲜的时鲑，大家可以来筑地游玩！

重4kg的时鲑，非常肥美。

这次我买了新鲜的时鲑来到同样从事美食职业的弟弟家，让他做给我吃。弟弟做了香草烤时鲑，先将时鲑用盐腌一天，再放上香草、大蒜、橄榄油，放在烤箱内烤三十分钟左右。鲜嫩多汁、肥而不腻，鱼皮香酥可口，毫不夸张地说鲑鱼所有的优点都展现出来了。

秋天鲑鱼为了产卵会来到罗臼、知床，鱼群中也会混杂着幼鲑鱼，幼鲑鱼脂肪也很丰富，味道很棒。幼鲑有"魔幻鲑鱼"的称号，足见其珍贵程度，我觉得幼鲑与时鲑的美味程度不相上下。

我还做了外甥最爱吃的奶油意大利面。时鲑鱼肉鲜嫩，非常适合与奶油搭配，再配上意大利宽面条，口感绝佳。如果下次再吃时鲑，我要先盐烤，再做成莴苣炒饭，而且一定要把烤的酥脆的鱼皮切丝拌进去。

我做的奶油时鲑意大利面。

　　店里从北海道进了毛蟹。毛蟹的名字有些奇怪，据说是由于蟹钳上有像藻屑一样的毛，长相比较独特，和大闸蟹属于同类。挥舞着毛茸茸的蟹钳的样子还是很可爱的。那个毛毛到底是什么呀，有什么作用呢？我专门查阅了资料，但是并没有一个权威确凿的解释。英语名字叫 Mitten Crab，就是手套蟹的意思。是不是很有趣？

　　毛蟹最重要的就是鲜度，一定要买鲜活的。我一般会挑选爬行着、挥舞着蟹钳的毛蟹。和大闸蟹一样，用黄酒腌制味道鲜美无比。我是之后才知道毛蟹和大闸蟹是同类，遗憾的是我还没有做过大闸蟹，懊悔不已……

鲜活的毛蟹。正在盆
里耀武扬威呢！

与味噌味道很搭配，好期待呀！

毛蟹最简单的做法就是煮或蒸，我这次要尝试做一道乡土料理——"蟹汁"。将新鲜的毛蟹斩小块，放入料理机内打碎，然后加适量水放入锅内一并煮，煮成汤汁。最后过滤掉渣滓，用味噌调味即可。我还加入了少量的大蒜和生姜。

做好的蟹汁只有三杯，满口的蟹味噌和蟹黄。这是一道味道浓郁、无比奢侈的味噌汤，要是用来做菜饭，味道肯定超赞。啊，哪天做呢？

蟹汁

制作关键是螃蟹连壳一并打碎。花好大劲做好，一口气就喝完了……

千 叶 的 鲣 鱼 天 下 第 一！

前几日，没有什么食欲，丈夫强力推荐："这个鲣鱼味道超鲜美，一定要吃一口。"于是我不情愿地吃了一口，却收获了意外的惊喜。

咦？脂肪的口感、肉质的细嫩以及鱼皮的硬度都刚刚好，鱼肉酸甜可口，吃完心情愉悦。怎么会如此美味呢！这种美味的感觉是在寿司店从未体验到的。这就是味道鲜美的"初鲣"（春季时令的鲣鱼）。

西式初鲣沙拉。

鲣鱼是用"卷网""一竿钓""拖网"捕获的鱼。这种鱼最大的特征是有一种酸味，雄性和雌性味道多少有些差异。雌性鲣鱼的酸味相对较浓，因此，大家一般都选择食用雄性鲣鱼。

鲣鱼可爱的面容。

最好吃的要数千叶钓到的鲣鱼。据说因为今年渔业丰收，三位数的金额就可以买到品质不错的鲣鱼。两天后的周五一竿钓的鲣鱼已经涨到 2000 日元、拖网捕获的鲣鱼价格是 3000 日元。周六拖网捕获的鲣鱼已经上涨到了 5000 日元。差价可真够大的！今年鲣鱼的价格是往年的 1.5 倍。

九州、三重、八丈岛鲣鱼的捕获量也很大，但是从脂肪含量上看，千叶的鲣鱼毫无争议是最好的。十二月富山县冰见用定置网捕获的鲣鱼因为脂肪丰富而远近闻名。虽然现在时间尚早，但还是很期待！

最近丈夫对创作鱼料理抱有极大的热情，苦口婆心地对我说："真的很好吃，拜托你尝一尝。就当上一次当嘛！"竟然端给我一盘紫苏坚果鲣鱼，这个组合也太天马行空了吧。我拒绝："这是什么呀？这个搭配也太不合理了吧，一点食欲都没有。"

最后，在丈夫的再三央求下，我勉强地吃了一口……天哪，也太好吃了！鲣鱼的酸味和坚果的香味竟然这么搭，难以置信！等到哪天我开店的时候，我要再改良一下成为店内的招牌菜。

此外，还可以在鲣鱼刺身下面铺上煮熟的甜菜，撒上用青葱碎、大蒜碎、盐、橄榄油拌成的沙司，点缀切碎的番茄干、罗勒叶、大蒜碎，这样就成了一道西式鲣鱼沙拉。红色甜菜的甜味、红色鲣鱼的酸味和番茄的酸味、青葱的辛辣味，以及罗勒叶的清香味相互融合。务必做一次试试。

鲣鱼刺身＆坚果，这个组合很奇特，但味道很赞。

时令竹荚鱼大比拼

竹荚鱼是我喜爱的鱼类之一，每次到寿司店必点竹荚鱼。现在正值竹荚鱼的时令，我决定对比一下各种不同的竹荚鱼。

有一种比较有名的竹荚鱼叫"关竹荚鱼"，产自大分和爱媛之间的丰予海峡，其中大分县佐贺关的捕获量最大，因此得名。口感和鲜度都颇受好评，是一种名品竹荚鱼。

比关竹荚鱼评价更高的有产自鹿儿岛的"出水竹荚鱼"，也被称为"黄金竹荚鱼"。根据个头、质感、脂肪等分为多种等级，发货商也会标上○、◎、★区分等级。一般竹荚鱼都是用定置网、卷网，或者追赶鱼群追捕等方

时令竹荚鱼大比拼。（左起）淡路、出水"○"级别、岛根的dontitti。

式捕获的，而出水竹笺鱼是用一竿钓捕获的。

日本海岛根县浜田市有一种叫dontitti 的名品竹笺鱼。脂肪含量非常高，时令季节的竹笺鱼脂肪含量超过 10%，有的甚至超过 15%。太

鱼身呈金黄色，一看味道就不错。

厉害了！我好想配上一碗热乎乎的米饭尝尝呀！

淡路的竹笺鱼。有一种独特的香味，脂肪丰富，据说有固定的粉丝。确实，各方面都比较平衡。

出水"○"级别的竹笺鱼。这个并没有什么特别之处，味道很普通。

岛根的 dontitti。这个我比较满意，香味浓郁、脂肪丰富、口感佳。

出水"★"级别的竹笺鱼。这个最厉害，味道甘甜、鱼肉软糯、香味高级、入口即化，有一种不像是竹笺鱼的醇厚。肉质细腻，充分咀嚼后舌尖留有余香。

我的好友仲买先生最推荐的烹调方法是"炸竹笺鱼"。批发价一条都得 1500 日元的竹笺鱼竟然要用油炸，有没有人觉得很浪费？其实不然。高档食材用最接地气的做法烹调出来后，味道也是格外的与众不同。我也觉得生吃并不是最好的食用方法，所以等我发了工资我就做炸竹笺鱼……

出水的"★"级别。要是每天都能吃到如此美味的竹笺鱼就好了。

15/7 夏天！咖喱！海鲜咖喱！

最近一直持续酷热，大家都是怎么度过的呢？夏天最应季的当属咖喱吧。我非常爱去的一家咖喱连锁店每到夏季就会推出一款夏季蔬菜咖喱。当然，我也绝对不会错过用时令鱼贝类做的咖喱。

这次我用青口贝、文蛤两种贝类和乌贼制作了一款包含满满贝类汤汁的咖喱饭。下面介绍一下做法。

❶ 充分洗净贝类。仔细清理干净青口贝周边的污垢和"胡须"。平底锅内放入两瓣拍碎的蒜，再倒入色拉油，加热后，把贝类全部放入锅内，翻炒几次后，分两次加入葡萄酒，然后盖上锅盖等待贝壳张开。逐一拣出开口的贝壳，贝壳与汤汁分开放。汤汁要

我使用的是宫城产青口贝、千叶产文蛤、富山产小乌贼。

在最后使用。再把贝壳内的肉剥出来。

❷ 处理乌贼。取出内脏，只留下乌贼身和腿。乌贼身不需要剥皮，直接切成环状；乌贼腿二等分。在锅内加入色拉油，将剥好的贝肉和乌贼稍微炒一下，注意不要炒过火，否则肉会变硬。

❸ 在切成大块的土豆和切成小块的猪排骨上撒点盐，用色拉油煎至金黄。猪排骨需要少放一点，放太多会掩盖海鲜的鲜味。借助猪肉脂肪增加浓郁的味道。

❹ 将❸放入锅内，加入适量的水炖煮。因为之后还要加入贝类的汤汁，所以加水时需要预留出这部分的水量。待猪肉和土豆熟透了之后，加入贝类的汤汁，煮开后即可关火，加入咖喱块（我一共加入了三种咖喱块，最好选用包装上没有写"牛肉咖喱"字样的咖喱块，毕竟我们做的是海鲜咖喱）。

❺ 待咖喱块溶解后，可根据个人喜好调整黏稠度，最后加入贝肉和乌贼煮开。这样就大功告成了。

❻ 装盘后，再搭配上炸茄子、煮熟的秋葵、烤香的辣椒粉，就可以享用了。

贝类的汤汁非常鲜美，吃完口内留有贝类的余香，太赞了！和我一起享用的朋友也非常喜欢吃。

做海鲜咖喱的时候用什么海鲜都可以，但需要事先炒一下备用，最后再加入。如果炒过火了，肉质就会变硬且缩水，这样就太糟蹋食材了。强烈推荐做咖喱的时候加入贝类汤汁！这个季节产自宫城县的青口贝肉质肥嫩，鲜度最佳。

即使没有肉
餐桌依旧可以很丰盛

自从搬进新家后，一直忙于内部装修，直到夏天房子才收拾好。虽然还没有彻底完工，但至少可以接待客人了。难得的空闲时间，计划和丈夫在新居内一起做饭，悠闲度过周末。一起去超市采购完商品，回家打算做个海鲜咖喱饭。这时有个要好的前辈给我电话说："我现在去你家玩可以吗？"这个前辈就成了我们新家第一位客人。原本做的饭是我和丈夫两人吃的，有点过于简单了，好在我们采购的商品中有很珍贵的食材，下面就介绍一下当天的部分食谱吧。

油炸泽蟹

泽蟹需要趁活着的时候烹调。先充分清洗干净，然后稍微滤干水分。锅内放油，待油温升至手指可以触碰的程度时，加入泽蟹。

左图：炸金枪鱼排。比手掌都大！
右图：炸得香酥松脆的泽蟹。非常适合当下酒菜。

炸一分钟左右后，再慢慢升高油温。待油温升至180℃时，泽蟹差不多就炸好了。撒上盐，再装饰上酸橙。之所以要低温油炸，是为了防止螃蟹脚断掉。

炸野生金枪鱼排

　　丈夫收到别人赠送的价格昂贵的金枪鱼鱼尾。在拍卖时，用金枪鱼鱼尾作为样本可以判断整条金枪鱼的品质。拍卖结束后，金枪鱼鱼尾就成了可以食用的美味了。我们这次决定豪气地用金枪鱼鱼尾做一次炸肉饼。因为鱼尾脂肪丰富，可以搭配酸泡菜和芥末食用。酸泡菜就是卷心菜经过发酵后用醋腌制后的爽口小菜。一般会和香肠搭配食用。这次我用来搭配炸好的金枪鱼鱼尾食用，味道很不错。

XO酱炒菲律宾蛤仔

　　我在阳台上种了一种叫"圣罗勒"的亚洲罗勒。圣罗勒可用于泡水、做菜，总之是一种很珍贵的香料。我喜欢在做XO酱炒菲律宾蛤仔时，最后加入一大把圣罗勒，稍微搅拌一下即可。菲律宾蛤仔不仅仅肉好吃，用炒制时渗出的汤汁拌米饭也非常美味。当天我把菲律宾蛤仔汤汁用热水、酱油、辣椒油稀释完后，加入蔬菜、豆腐，就成了蘸面的汤头了。实在太美味了！

　　即使没有肉，只用鱼贝类也能做成大餐招待客人。大家要继续挑战各种鱼贝类料理哦！

菲律宾蛤仔需用50℃的水清洗后再烹调（参照P230）。

用高级的东洋鲈做一道奢华的意面

鱼肉剔除后剩下的部分叫"鱼杂碎",有一种鱼和它重名(日语中鱼杂碎和东洋鲈发音相同)。

自从卖鱼后我彻底喜欢上了东洋鲈,而且最近还发现了最好吃的部位,那就是鱼皮。鱼皮和鱼肉之间有一层脂肪,非常美味……最近买的东洋鲈脂肪并不丰富,因此,我决定用来做意大利面。用这么高级的鱼做意面是不是太浪费?绝对不是浪费。正因为是美味的食材,更奢侈的食用方法才能配上它。恰好京都的朋友给我送来了日本葱,她教我"用橄榄油做的意面也非常好吃",于是我决定做东洋鲈日本葱意面。

将东洋鲈切成骰子状,用大蒜、特级橄榄油、盐煎至鱼皮香脆。

好大的一块东洋鲈鱼肉。今天买的东洋鲈脂肪较少,肉质比较像鸡肉。

意大利面吸满了东洋鲈的汤汁，超美味！

东洋鲈日本葱意大利面

关键要把东洋鲈煎至鱼皮香脆。

然后加入大量切好的日本葱，再稍微炒一炒，淋上少许白葡萄酒，搅拌均匀。最后放入意面，充分混合均匀，可加入少许意大利鳀鱼汁调味。盛入盘中后，淋上表面稍微加热至焦黄的黄油，撒上少许白芝麻。就大功告成了。

鱼皮非常脆、脂肪香而不腻！吃完后，东洋鲈特有的嫩滑和香甜一直在口腔内弥漫。另外，日本葱的甜味也加分不少！是一道奢华版的意大利面。

肉质鲜嫩的小鲹鱼

这次给大家介绍一下初次登场的小鲹鱼。或许是因为鲹鱼还没有长大，因此叫小鲹鱼，或许是因为个头比较小才叫小鲹鱼，我也搞不清楚，有没有内行告知一下。

今天买到的小鲹鱼产自东京湾。真正的江户前食材哦！一提到东京湾，大家可能会觉得污染严重，食材价值较低……其实并非如此。大海与陆地之间形成的海湾中浮游生物非常丰富，营养丰富的海水自然能孕育出味道鲜美的鱼类。从神奈川县三浦半岛到千叶县南房总内侧一带盛产的深海鱼价格昂贵。

好可爱的小鲹鱼。肉质看上去很软。

小鲹鱼很少能在超市买到，而且只能在七、八月买到。主要食用方法有甘露煮、洋葱醋腌油炸鱼、油炸。

我这次做的是意式炸小鲹鱼。小鲹鱼、面粉、干酵母、啤酒、盐、水混合均匀后，放入180℃的橄榄油内炸脆。最后淋上柠檬汁。

刚炸好的小鲹鱼肉质鲜嫩，脂

1

把鱼头拍碎后用菜刀去掉牙齿，这样鱼头也可以吃了。

肪出乎意料的丰富，口感相当棒。连小鱼刺也能嚼烂了吃下，牙齿已经提前用刀处理过了。真的非常好吃！等我将来开料理店，这道菜也会是招牌菜！

2

刮净鱼鳞，处理干净的小鲹鱼。

3

炸小鲹鱼。好想喝一杯起泡葡萄酒呀！

26/8 秋 刀 鱼 ， 秋 天 的 味 道

　　盼着，盼着，终于等到秋刀鱼上市了！这些秋刀鱼是大型渔船用连杆渔网捕获的。利用诱鱼灯照亮渔船右侧，同时在左侧张开网，然后再照亮左侧，这样从右侧游过来的鱼就自动游到网内了。今年200g以上的特大号秋刀鱼一条批发价是800日元，对一般家庭来说，价格还是有点高。

　　其实，最早的秋刀鱼从七月中旬就已经上市了。这时候的秋刀鱼是用刺网捕获的，选用网眼合适的渔网，渔网撒到海里后，秋刀鱼的鱼头就会挂到网眼上。这种捕鱼方法从七月中旬一直持续到八月上旬，差不多在盂兰盆节前结束。这么早捕获的秋刀鱼大家是不是都没有见过？据说因为使用这种捕鱼方法的都是小型渔船，渔获量较少。稍微大点的秋刀鱼当时的批发价是一条3000日元。这可是批发价！这么贵的价格，也难怪超市里没有卖。

仲买先生和"大力"的增仓先生喜欢给商品写上只言片语。

用刺网和连杆渔网捕获的秋刀鱼有什么差别呢？刺网捕获的秋刀鱼因为头部挂在网眼上，一般在头部会有伤痕，而用连杆渔网捕获的秋刀鱼因为捕获量大，身上很少有伤痕。但是，因为是大量捕获，鱼鳞容易剥落被秋刀鱼误食，导致内脏内也会有鱼鳞。但是用刺网就不会发生这种情况，因此用刺网捕获的秋刀鱼连内脏都特别美味。明年我要买回来对比一下。

初上市的秋刀鱼。烤过火的话，脂肪会滴落，因此控制好火候是关键。

下血本买了最早上市的秋刀鱼，回家做成盐烤秋刀鱼。我不太喜欢吃到咯吱咯吱的盐粒，因此提前将秋刀鱼用盐腌了三十分钟，然后再放到烤鱼架上烤十分钟，搭配酸橘和萝卜泥食用。太惊艳了！去年我也吃过这种秋刀鱼，但是今年味道更鲜美，而且连鱼肝也不苦，脂肪也很丰富！真是太震撼了！

下面传授大家一个挑选秋刀鱼的技巧。鱼头部位的鱼鳞饱满代表秋刀鱼肥美；鱼嘴呈黄色、鱼身泛着漂亮银色的代表鱼肉弹性好。

非时令时节我们还可以吃到冷冻秋刀鱼，味道也不错。时令季节捕获到的脂肪丰富的秋刀鱼直接冷冻保存，待食用的时候充分解冻，味道也无比鲜美。

秋刀鱼沙拉

去年做的秋刀鱼沙拉。红洋葱、西红柿等自己喜欢的蔬菜放上处理好的秋刀鱼刺身，然后撒上少许盐、大量莳萝碎。最后淋上特级初榨橄榄油和葡萄酒醋即可。

尽管全年都能在超市买到鲭鱼，但大家知道鲭鱼的时令是九月以后吗？其中金华鲭就是秋天的代表。这是一种什么样的鲭鱼呢，一起来了解一下吧！

　　南三陆金华山周边海域捕获到的鲭鱼就是金华鲭。捕鱼方法有定置网、一竿钓、卷网，因其味道极鲜美、脂肪超丰富而闻名。金华鲭不洄游，一直在该海域活动，说明该海域的饵料比较优质。因为活动量少，所以脂肪含量高，而且还不容易附着寄生虫，因此非常适合制作醋盐鲭鱼。选购鲭鱼时，重约 1kg 的鱼脂肪含量最适中。一副很专业的样子！哈哈，当然这是我个人的意见。我觉得金华鲭比西方海域捕获到的鲭鱼味道更浓厚。

左图：金华鲭专用箱。一个箱子只装一条，好奢侈！
右图：鱼身紧致，看上去很鲜美。

一般脂肪丰富的鲭鱼可做成醋腌鲭鱼、味噌煮。

醋腌鲭鱼的方法是仲买先生教我的，据说还是某家知名寿司店的做法，我又稍作了些调整。将两条带鱼骨的金华鲭撒上少许盐腌制，然后浸泡在冰水里，放到冰箱内冷藏 2～3 天。然后，擦干鱼身上的水分，剔除鱼骨。用海带、醋、砂糖、少量生姜煮沸做成甜醋，将鲭鱼两面分别泡在甜醋内腌制一小时即可。最近我非常喜欢吃芥末，于是把腌好的鲭鱼蘸上酱油和芥末，就着热乎乎的米饭……鲭鱼的脂肪在醋的作用下变得格外爽口！赶紧动筷吧！

味噌煮是筑地一家日料店的厨师长亲自传授给我的秘方。首先将鲭鱼切成合适大小，为了让鱼肉熟透入味需和生姜一并入锅煮。然后加入大量的酒、砂糖，煮至汤汁减半后，再加入味噌、味醂、酱油，煮沸即可。最后加入调味料时，还可以一并加入干香菇和泡香菇水，味道会更鲜美。我尝试放了花椒佃煮。

脂肪丰富的鲭鱼如果煮得时间太久脂肪就会流失，因此要注意不要煮过头。本以为鲭鱼煮好后会很腻，结果恰恰相反。初次尝试做味噌煮的人，推荐使用金华鲭。吃的时候，把鱼肉夹碎裹满汤汁，味道会更好。

左图：鱼肉色泽诱人。我喜欢吃腌制时间较短的金华鲭。
右图：汤汁鲜美的味噌煮。只做了半条鱼，吃了个精光。

9/9　美味不输给蓝鳍金枪鱼的大眼金枪鱼

　　说到金枪鱼的品种,有蓝鳍金枪鱼、马苏金枪鱼、大眼金枪鱼、长鳍金枪鱼、黄鳍金枪鱼……五花八门。

　　其中蓝鳍金枪鱼是日本人最喜爱的最高级的金枪鱼。但是,从九月到十二月也有一种金枪鱼备受瞩目,那就是被称为"东方之物"的名品大眼金枪鱼。大眼金枪鱼是用延绳捕获的,名品大眼金枪鱼的评定非常苛刻,据说是"百里不一定能挑一",必须具备优质的脂肪、完美的色泽、一定的尺寸等条件。与蓝鳍金枪鱼不同,大眼金枪鱼因为富含铁所以腥臭味较少,红色肉质味道更佳。好想亲口尝一尝呀!

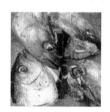

大眼金枪鱼的头。9月3日市场内进了大量大眼金枪鱼,齐藤水产就分割了十条。

大眼金枪鱼鱼肉。好漂亮,看上去很美味!

前几日，筑地进了一百多条用卷网捕获的大眼金枪鱼，和"东方之物"的捕获方法不同。一时成为金枪鱼爱好者仲买先生谈论的话题。有的人还专门买回去分给邻居们一起尝鲜，我的老师"尾坪水产"的渡边先生就是其中之一。他还特地给我打电话说："虽然是卷网捕获的，但也是品质非常好的大眼金枪鱼，可一定要尝一尝呀！"

卷网捕鱼就是用网将鱼群一个不剩地全部捕捞上来，这样金枪鱼相互碰撞会受伤，还会导致"鱼身烧伤"，非常难处理。什么是"鱼身烧伤"？肌肉丰富的金枪鱼游泳时会发热，而呼吸时吸入的海水能起到降温的作用，但是挣扎时就会持续发热，最后导致自身烧伤。据说温度能达到50℃。鱼身烧伤的大眼金枪鱼味道是什么样的呀？

据说当天进的大眼金枪鱼大部分是烧伤的，但渡边先生买到的金枪鱼竟一点烧伤都没有，都是品质最好的！而且脂肪丰富程度绝不亚于蓝鳍金枪鱼，鲜美无比，口感也很好。

我本以为这个时节的大眼金枪鱼只是蓝鳍金枪鱼的替代品，事实上并非如此。如果你在鱼店看到了大眼金枪鱼，一定要买回家尝尝。即使是冷冻的，味道也很棒！

自己在家做的金枪鱼刺身。鱼头肉与鱼身肉组合。脂肪丰富，非常美味。

24/9 意式腌酵乌贼

　　说起腌酵乌贼，马上就会想到枪乌贼。现在差不多到了乌贼长满鱼子的时节了。用来制作腌酵乌贼的部位是像肤色的内脏部分，就是乌贼的肝脏，上面还附着了很多其他脏器。黑色的部分是乌贼的墨袋。

　　枪乌贼的内脏脂肪非常多，味道很好。俗话说，如果枪乌贼美味，金枪鱼就会美味，因为金枪鱼以枪乌贼为饵料。话说金枪鱼吃的食物油水可真够大的。

　　这次我要用产自青森的肥美枪乌贼制作腌酵食品。下面是制作方法。

1 看上去很美味的内脏！脂肪非常丰富。　2 处理乌贼确实非常麻烦。

首先分解出内脏、乌贼身体、乌贼腿。去除内脏上多余的脏器，裹上大量盐，待多余的水分渗出后，放入冰箱内冷冻。通过冷冻，可杀死内脏附着的异尖线虫等寄生虫。等到解冻的时候，内脏已经充分入味了。

我一般会把乌贼身体也抹上盐晾干一个晚上。也有人把乌贼身体放到冰箱内冷藏。晾干后，原本没有处理干净的寄生虫会出现在身体表面。我个人比较喜欢湿润的乌贼肉，切记要清理干净乌贼身上的寄生虫。

去掉乌贼腿上的皮和吸盘（这个超难弄），同样用盐腌制晾干。然后把冷冻的内脏和乌贼肉切碎搅拌到一起，这样基础工作就完成了。下面加入酱油、酒、味醂等各种个人喜欢的调味品即可，腌酵乌贼大功告成了。

此外，我还尝试了全新的做法——意式腌酵乌贼。用意大利鳀鱼酱取代酱油，加入少许橄榄油，用白葡萄酒替代酒，加入大蒜，放置一晚上即可。超级美味！这个做法也很棒！

蒸熟的土豆上面加上美味的黄油和腌酵乌贼，撒上黑胡椒、切碎的欧芹，再淋上橄榄油，就成了在居酒屋可以吃到的腌酵乌贼土豆料理啦！

哎呀！实在是太好吃了！一定要做一次尝尝！

3 冷冻后的内脏非常像果子露。用刀切碎。　**4** 完成。拌入拍碎的大蒜。

说起喜欢吃的刺身，脑海里就会浮现金枪鱼、鲣鱼、鲷鱼海带卷、带鱼，等等。如果非要说出最美味的刺身，我觉得应该是"丝背细鳞鲀"。嗯！丝背细鳞鲀绝对是 NO.1！去寿司店，如果恰好有丝背细鳞鲀，一般都得连加三次单。有人喜欢用酱油溶解肝脏，就着佐料吃下去，我最喜欢将肝脏卷起来稍微蘸点酱油直接吃。如果可以的话，我想一个人吃两条丝背细鳞鲀。啊！只是这么一想，就觉得幸福得不得了。有人说红鳍东方鲀要吃养殖的，丝背细鳞鲀一定要吃野生的，我非常赞同这个观点。

有一种叫马面鲀的鱼和丝背细鳞鲀长得非常像。只是丝背细鳞鲀身形更细长，全身呈灰色。但是去了皮之后，就没法辨别这

这就是丝背细鳞鲀。外表有条纹，身体菱形。

两种鱼了。有的店甚至还以为丝背细鳞鲀的别名就是马面鲀呢。但是，在味道上，马面鲀要略逊一筹。像我这种无比想吃丝背细鳞鲀的人，一定不会弄错的。

我非常擅长无潜具潜水，曾经在潜水时用鱼叉抓到过丝背细鳞鲀或者是马面鲀。拿到祖母家央求她给我处理一下，结果因为腥臭味太大被扔掉了。现在想来应该是超美味的食材呀！

前几日，丈夫给我买回了品质绝佳的丝背细鳞鲀。肝脏非常弹滑！是在横须贺捕获的，我也很诧异东京湾竟然也能捕获这么美味的丝背细鳞鲀。据说是用菲律宾蛤仔肉当诱饵才捕获的。丝背细鳞鲀可真是嘴刁呀！

我把丝背细鳞鲀做成了刺身和味噌汤。这次的一个新发现就是丝背细鳞鲀煮熟了也非常好吃。我把制作刺身时剩下的鱼骨和海带一起煮了汤，再加入少许鱼肉和大葱，用白味噌和田舍味噌调味，做成了美味难以言表的高级味噌汤。嗯！非常适合当作早饭。下次，我再加点奢侈的肝脏试一试。

总而言之，肝脏是丝背细鳞鲀的灵魂。这个季节正是丝背细鳞鲀肝脏最肥美的时期。鲜活的丝背细鳞鲀价格稍高，但是为了品尝到新鲜的味道也就不觉得昂贵了。

左图：自己在家用野生鲜活的丝背细鳞鲀做刺身，真是太奢侈了。
右图：第一次做丝背细鳞鲀味噌汤。多做了一些，可以连续喝三天。

14/10 油 炸 梭 子 鱼 超 好 吃

盐烤梭子鱼是居酒屋的招牌菜之一。说实话，在喜欢吃鱼之前我从来都没有吃过梭子鱼，或者说压根就不知道还有梭子鱼这种鱼。在来筑地工作之前，我只吃其他肉类食物。鱼我也只吃超市卖的和寿司店卖的，连"这是什么鱼"之类的都不问一句。如果在小酒馆吃烤鱼，就只知道点远东多线鱼；在娘家的时候，能够吃到很多种刺身，但是我只吃金枪鱼。是不是很惊讶我竟然没吃过梭子鱼，我也很无奈。

我刚来筑地工作时，学习处理用来制作鱼干的鱼，最先接触的鱼就是梭子鱼。这种鱼身形细长，牙齿锋利，打开鱼腹发现脂肪丰富，看上去很美味。店内供应的伙食有梭子鱼，吃了之后发现超级美味，从此对梭子鱼非常感兴趣，当时就想着等

看上去娇小可爱的梭子鱼。
牙齿特别锋利。

梭子鱼牛油果酱面包三明治。搭配炸蒜香土豆。

到时令的时候，我要多买点回家尝试各种做法。

这次尝试做油炸梭子鱼。梭子鱼炸完后肉质软嫩、甘香松脆。我涂上牛油果酱做成了三明治，牛油果酱稍微加点蛋黄酱和芥末，口感醇厚，与梭子鱼也很搭。但我最喜欢的吃法是天妇罗，蘸着椒盐吃，味道无比鲜美。当然大家也可以做成鱼干。

梭子鱼的日语汉字是"鰤"，字很难写。梭子鱼是用定置网捕获的，俗话说"梭子鱼一条、海底千条"，意思是如果用鱼竿能钓到一条梭子鱼，就说明水下有成千上万条梭子鱼。我好想亲眼看一看呀！据说梭子鱼锋利的牙齿平时是倒着的，只有在追捕猎物的时候才会立起来，不知道这是不是真的！

现在正值时令，我打算在家做一些梭子鱼干，分送给亲朋好友。鱼干烤熟后，用新米做成手握寿司，再搭配一碗美味的味噌汤，真是今生别无他求了！

做成鱼干后烤熟，表面脂肪丰富。

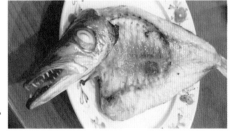

今年也吃到了美味的柳叶鱼！

终于到了吃柳叶鱼的季节了。柳叶鱼的卵非常好吃！但是雄性柳叶鱼的鱼肉风味更佳、脂肪更多。当然，二者都非常美味。说到柳叶鱼，在北海道鹉川捕获到的柳叶鱼尤为出名。还有一种鱼叫桦太柳叶鱼，同样属于胡瓜鱼科，但并不是柳叶鱼，只是替代品。

北海道产的柳叶鱼最大的特征是身上泛着金黄色的光泽，而且是日本特有的品种，鱼鳞很大，可以清晰地看到一片一片鱼鳞。但是桦太柳叶鱼的鱼鳞是紧贴在身体上，没法看到一片一片的，全身泛着绿色，据说味道也截然不同。我也不太确定是否能说出两者味道的差异……

据说鹉川的柳叶鱼已经注册为"町鱼"了。真正的柳叶鱼指的是在北海道太平洋沿岸捕获到的柳叶鱼。在

断面。漂亮的鱼卵。

下面的是雌性柳叶鱼，上面稍小的是雄性柳叶鱼。

超市经常能看到的柳叶鱼其实是桦太柳叶鱼。因此可见北海道的柳叶鱼是多么珍贵，不吃上一次也太可惜了。

稍微晾干后鱼的鲜味浓缩，味道更好。去年我做了柳叶鱼天妇罗，今年直接简简单单烤着吃了。啊，感觉秋天真的到了！柳叶鱼肉质鲜美，诱人的香味在口内弥漫。

一直以为桦太柳叶鱼就是真正柳叶鱼的各位，一定不要错过品尝真正柳叶鱼的机会！柳叶鱼的时令一直持续到十一月下旬，一定要品尝哦。你一定会被它的美味深深折服的！

当然，桦太柳叶鱼也很好吃。我曾经吃过黑芝麻炸桦太柳叶鱼，超级好吃。我还专门询问店家如何制作。鱼身裹上土豆淀粉，蘸上蛋清，再全身沾满黑芝麻，然后放油锅内炸熟即可。特别香，口感也不错，适合当下酒菜。

无论是柳叶鱼还是桦太柳叶鱼，都可以通过不同的烹调方法展现出各自特有的美味。

黑芝麻炸桦太柳叶鱼。我下次也试试。

153

4/11 鲷鱼中的精品——明石鲷鱼

明石鲷鱼被称为"日本第一鲷鱼"。为什么这么说呢？因为盛产明石鲷鱼的渔场位于兵库县明石海峡，这里海潮汹涌，鲷鱼运动量大，肉质更紧致，而且这一带还有虾、蟹、鱼等丰富的饵料，鲷鱼的味道自然更加鲜美了。

秋天才是明石鲷鱼真正的时令。800g 以上的明石鲷鱼都会被贴上标签，这是渔民精挑细选后精品中的精品。如何挑选品质好的鲷鱼，请参照 P20。

赶紧吃起来吧，做法有刺身和欧式鱼生。

右边是明石鲷鱼，左边是出水野生真鲷鱼。

800g 以上的明石鲷鱼都会贴上写有"明石鲷"字样的商标。这是一条重 1.5kg 的明石鲷鱼。

刺身就是用盐、宫崎县产的柑橘类醋简单调味后直接食用。实际上，当天我把明石鲷鱼和鹿儿岛的出水鲷鱼都做成了刺身，品尝后作了对比。二者口感都很甜，明石鲷鱼肉质更紧，甜味更浓一些，吃完后舌头上一直有余味。真的毫不夸张，如果你不知道鲷鱼什么味道，吃上一口你就明白了。出水鲷鱼的脂肪比明石鲷鱼的要更丰富一些，口感更浓郁。二者各有千秋，但都非常鲜美。

欧式鱼生。搭配品质较好的橄榄油和芝麻菜，因为明石鲷鱼味道较甜，脂肪也较多，可以搭配味苦的蔬菜。橄榄油独特的清香味也很适合搭配明石鲷鱼。

鱼皮和鱼肉之间有一层优质的脂肪，用盐烤味道应该也不错。顺便一提，明石鲷鱼的价格是野生真鲷的三倍，而且市场上只有特定的商铺有售，这么特别的鲷鱼被誉为日本第一，真不为过。

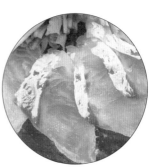

明石鲷鱼搭配芝麻菜做成了欧式鱼生。靠近仔细看，能看到鱼皮和鱼肉之间有一层脂肪。

2/12　明石产的时令蓝点马鲛最为美味

　　蓝点马鲛日语汉字写作"鰆"，一个春加一个鱼，乍一看这个字，可能有很多人就会以为它的时令是春天。我本来也是这么认为的，其实蓝点马鲛的时令是秋天，是不是很惊讶？

　　这次食用的蓝点马鲛产自明石，采用拖钓的方式捕获。所谓拖钓就是用船拖着排钩钓鱼。蓝点马鲛是一种外观漂亮，肉质紧致的鱼。

　　明石渔场是各种鱼类产卵的场所，拥有得天独厚的条件。而且还聚集了以鱼卵为饵料的各种鱼，简直就是鱼类大盛会……这么一说，你是不是也能明白为什么这个地方能培育出美味的鱼了吧。蓝点马鲛主要产自南日本，也有少量产自青森，但产自明石的蓝点马鲛价格是其他产地的一倍以上。有机会一定要去一趟明石。

　　明石蓝点马鲛可以做成

蓝点马鲛的侧脸。

刺身食用。切大量的大葱撒到刺身上，不用酱油调味，我最近喜欢用有股淡淡梅子味的佐料酒调味。你没吃过蓝点马鲛刺身？这么肥美、好吃的鱼你没吃过？吃一次，你就会深深爱上蓝点马鲛。

蓝点马鲛还可以做成西京酱鱼。一提到蓝点马鲛，大家就会想到有名的西京酱鱼，做好后烤熟了吃，非常香，甜味更浓，非常适合搭配米饭吃。尤其是鱼皮上的脂肪渗入了西京豆酱的味道，美味！最后，我用百里香、大蒜将蓝点马鲛腌制半日，再放到烤鱼架上烤熟，因为脂肪丰富，香味都被烤出来了，然后尝试搭配炒熟的球子甘蓝、嫩玉米做成意大利面。做好的意面，鱼肉鲜嫩、味道浓郁、风味丰富。我现在终于体会到明石蓝点马鲛浓郁的味道了。明石真是个神奇的地方！

顺便再推荐大家做一道突尼斯料理——Brick。这是一个大厨朋友教我的，我又稍作了改进。用春卷将蓝点马鲛鱼肉和鸡蛋裹起来煎熟，我特意加了少许能增加浓稠感的芝士。用的鸡蛋是沾了松露香味的鸡蛋。如何让鸡蛋沾上松露的香味？把大米放在密封容器内，再将鸡蛋和松露埋到大米里即可。这种鸡蛋适合做鸡蛋盖饭和煎蛋卷，味道超级鲜美。我觉得也适合搭配蓝点马鲛，朋友尝了后赞不绝口！这是一个创新做法。

Brick。打个鸡蛋，就着蛋黄一起食用。

意大利面。蓝点马鲛的脂肪和大蒜的香味非常搭。

16/12 今年最后的奢侈是什么？

今年已经没剩下几天了。回过头看看，这一年也吃了不少美味的鱼，实在是奢侈。这个季节是盛产各种美味鱼类的时节，但是每年这个时节总会因为不良天气持续导致渔获量较差。下面我介绍一下最近吃到的非常好的食物吧。

鳕鱼鱼白*。直接从鱼腹取出的鱼白鲜度最佳。一般超市卖的鱼白都是外国产的，因为温度高导致鲜度降低，味道可就有天壤之别了。如果你喜欢吃鱼白，要想保证鲜度，唯一的办法就是买一整条鳕鱼。

产自岩手县宫古的鳕鱼会对鱼的性别、鱼白好坏等进行严格筛选，而且鱼白都是趁鳕鱼活着的时候取出的，最大程度的保

左图：河豚的鱼白和鳕鱼的鱼白。好奢侈呀！
右图：鳕鱼的鱼白。好想全部都吃掉呀！可以烤着吃、蘸着橙子
　　　醋吃、做成蒸蛋羹……

*鱼白：指鱼类的精巢。

证了鲜度。说实话，我不太喜欢鳕鱼的鱼腥味，除了鱼白，其他部分我都没有兴趣。我一般把鱼白用热水稍微烫一下，直接蘸着橙子醋吃。

河豚刺身。这次的河豚味道更浓、更好吃。

其次是河豚的鱼白。撒上盐，稍微入味后放在烤鱼架上烤十分钟左右，烤鱼白就做好了。超级美味！这个鱼白来自大分产的河豚干。河豚干就是在产地直接处理干净再通过消毒处理的河豚。前年才刚刚解禁，河豚现在也可以流通了，可喜可贺。丈夫去年取得了河豚烹调许可证，在市场内饭馆厨师长的帮助下，丈夫每天都进行特训，一定要保证把河豚的毒素彻底处理干净。

我为什么一口气吃了这么多奢侈的食物呢？因为上周我刚生完孩子。几天前刚刚出院，丈夫为了给我补身子，专门做了这些好吃的。我个人也希望"栗原二代"也是个喜欢吃鱼的小朋友。首先从用鱼给他做辅食开始吧。

炸河豚。我最喜欢这种吃法。

　　今年只剩下最后几天了。差不多该着手准备年货了，你是不是已经开始列长长的购物清单了呀？一过完圣诞节，齐藤水产每天都是人满为患。我们推荐的都是新年必备食材，比如金枪鱼、海参、章鱼、虾、蟹，等等。

　　如果掌握了处理金枪鱼和海参的诀窍，可以让食材更好吃。今天就给大家介绍一下我的诀窍吧。

　　一般大家过年买的金枪鱼都是冷冻的金枪鱼块。下面教给大家如何解冻才能保证味道鲜美。

1 浸泡在盐水里，去掉污垢。**2** 怎么样，漂亮的颜色出来了吧?

冷冻的金枪鱼块。
正常解冻会让肉变
黑或者变白。

首先，准备足够的盐水，盐水浓度要高于海水。将冷冻的金枪鱼块放入盐水内，金枪鱼细微的污垢便会浮到水面，用手轻轻拂去，然后继续放在盐水里一直到半解冻状态。这个过程大约需要 40～50 分钟。

半解冻后用水冲洗。然后，用厨房用纸充分蘸干水分，然后用厨房用纸包裹好放在冰箱内解冻一晚上即可。

你可能会担心金枪鱼浸泡在盐水里，盐分是否会渗入鱼肉内。不用担心，在冰箱内放置一晚上，盐分和解冻渗出的液体会一并排出，绝对不会影响食用。使用这种解冻方法，金枪鱼的颜色非常鲜艳。重点是要勤换吸水后变湿的厨房用纸。

很多人都喜欢做醋海参，下面介绍让海参变得更柔软的方法。首先，处理干净海参的内脏，去掉海参嘴。这些都是基本的处理方法。然后，准备约 70℃ 的热水，放入海参。这时最理想的温度是 65℃。放至热水变温后，海参就变得格外柔软。

我们家按照水:酱油:酒:味醂 =8:1:1:1 的比例，加少许砂糖调制成液体，再用橙子醋稀释，腌制液就做好了。海参放入液体内浸泡一晚上就做成了醋海参。

以上是我在筑地学到的吃鱼的方法，希望能为大家烹调新年大餐有所帮助。

1 红海参和绿海参浸泡在65℃热水内。

2 第一次做这么好吃的醋海参。真的非常柔软！

齐 藤 水 产 伙 食 记 录

某一天的筑地 ②

潜入非公开金枪鱼拍卖现场!

有时候,我敬仰的老师——尾坪水产的渡边先生会邀请我一起去非公开的金枪鱼拍卖现场。早晨四点半到达拍卖场后,老师就会拿上鹰嘴钩和手电筒,仔细确认金枪鱼腹部和尾巴的肉质,最后定下几个竞拍目标。

伴随着钟声响起,拍卖开始了!多条金枪鱼同时进行拍卖,因此钟声此起彼伏。随着金枪鱼不断拍卖成功,终于快到渡边先生中意的金枪鱼了。或许是因为金额不合适,渡边先生突然离开,快步走到另一个拍卖场,最后拍到满意的金枪鱼时,我不禁在旁边小声喊道:"太棒了!"还被旁边的大叔嘲笑了……

渡边先生锁定的印度金枪鱼。至于根据哪里判断的,我是一点都不懂。

寻找要竞买的金枪鱼,考虑价格的追加时间。

2015年
1～12月

希望女儿也能喜欢鱼

已经到了连载的第三个年头了。

女儿也降生了。

重要的节日、女儿的辅食……

但愿女儿的人生也能有鱼相伴。

13/1 红方头鱼的鱼鳞如花朵般绽放

　　我最近喜欢的鱼是红方头鱼。以前我对这种鱼没有任何好感，连看都不愿多看一眼。结婚前，曾经和一位感觉还不错的男士用餐，那个人说："红方头鱼的鱼鳞是不能吃的。"后来又说了好多关于红方头鱼很难烹调的话，因此我就误以为红方头鱼是一种很麻烦、很难烹调的鱼。

　　那个时候的我，不但对鱼没什么兴趣，而且也缺乏相关知识。事实上，红方头鱼的鱼鳞非常美味！热油淋到鱼鳞上，鱼鳞立刻立起来，像鲜花盛开一样，而且香味诱人、非常好吃。下面我们一起来学习一下红方头鱼的相关知识吧。

　　红方头鱼是鲈形目鲈亚目方头鱼科方头鱼属。产卵期从秋天到冬天。这次使用的红方头鱼产自山口县萩市。我特意查了一下，萩市以产红方头鱼而远

超过1kg重的红方头鱼。因工作需要才不断试做，实属奢侈的食材。

试做红方头鱼料理。好像火候再大一点鱼鳞会更好吃。

近闻名，渔获量占日本第一。这里产的方头鱼好吃，据说是因为特殊的地形使这里拥有丰富的甲壳类、贝类等饵料。有趣的是，方头鱼选择在如小山般的泥沙地附近做巢，然后在巢内等待鱼饵，而且是集体做巢。红方头鱼的长相也比较有特色，脸型看上去有点不协调，像宠物一样可爱。

红方头鱼的鱼鳞非常硬，要用菜刀使劲刮掉，炸着吃脆脆的很不错。做成刺身吃，肉质鲜嫩甘甜。我还是比较喜欢加热后再吃。做成鱼干味道也是好得不得了。我尝试做了油炸红方头鱼，以及用鱼杂炖出高汤后加入蔬菜做成法式蔬菜汤。红方头鱼沙拉也不错。菊苣搭配红方头鱼刺身，简单用核桃油和盐拌匀即可。味苦的蔬菜与香味浓郁的食用油更能突出红方头鱼的甜味。红方头鱼属于高级鱼，马上就迎来时令了，到时候价格会降低些，大家一定不要错失良机。

红方头鱼拍卖现场。我也是第一次见。

27 / 1 带来春天气息的鱼类

现在虽然还很冷，但是大家有没有觉得白天时间变长了？当然现在才一月，还需要再和严寒作斗争。

但是，一些给人春天般感觉的鱼类陆续在筑地上市了。沙氏下鱵、鲱鱼、小竹筴鱼、飞鱼、黑背鳁（也叫日本鳀），这些春季的鱼类已经陆续提前上市了。昨天去附近的一家寿司店吃了海带卷沙氏下鱵，好吃到不禁喊出声。我是不是也能通过鱼感受四季更迭了呀？不，还差得远呢。

这次我在家做了黑背鳁。虽说这种鱼很少能在超市买到，但出乎意料的是我的料理教室每次开"自己动手做鳀鱼"的课都非常受欢迎。因为这种鱼的价格便宜，而且很好吃，真是主妇之友！因为黑背鳁有鱼鳞，如果用量比较大，处理起来会比较花时间，需要准备大量的水，像洗衣机一样不断搅拌，还要一次一次地换水，确实有点麻烦！

首先可以做黑背鳁鱼干。将黑背鳁放在玄关处稍微晾干后抹上橄榄油烤熟，撒上点在阳台上种的欧芹就成了一道下酒菜，撒上少许黑胡椒味道更佳。鱼肉鲜嫩，内脏有点苦。

沙氏下鱵	想做沙氏下鱵盖饭，吃到过瘾。
小竹笑鱼	我喜欢素炸后蘸上甜辣椒酱食用。
飞鱼	做成鱼干味道超级赞！
鲱鱼	今年也要做腌鲱鱼。

烤熟的黑背鲔鱼干。太好吃了！

再教大家一种做法。将黑背鲔做成刺身摆放在盘内，只用橄榄油和柠檬调味。因为商店搞活动我刚买了一瓶新鲜橄榄油，着急想用一下试试，结果味道还不错。

味道微苦、香气特别的橄榄油与肉质甘甜的黑背鲔刺身、做熟的黑背鲔肝脏都很搭。总之，做鱼用橄榄油肯定没错。

下次我要做黑背鲔散寿司饭。

黑背鳀。简单处理
后生吃。

3/2 被 称 为 梦 幻 的 牡 蛎

前几日我看到一篇报道《不去筑地也能吃到梦幻般的牡蛎》。热爱牡蛎的我当然要尝一尝啦，立刻按照报道上的联系方式给商家打电话订购了一箱，然后召集喜欢吃牡蛎的朋友一起来家开个牡蛎聚会。

被称为"梦幻牡蛎"的是产自三重县的"渡利牡蛎"。位于白石湖的渔场非常小，产量有限，基本上都被当地人消费了。这种牡蛎最大的特征是味道更浓郁。如果天降大雨，船津川和铫子川的大量雨水就会流入白石湖内，淡水深度达五米，从淡水恢复到海水需要一到两周的时间。生长在这种特殊环境下的牡蛎富含糖原和鲜味，牡蛎肉呈黄色正是糖原丰富的证据。

蛋卷牡蛎。牡蛎一定要半熟。

顺便说一下，我在筑地工作时，最早负责的就是剥牡蛎和卖牡蛎。虽然我很想学习鱼的相关知识，但是社长当时并不让我接触鱼。为了胜任工作，我认真学习了牡蛎的相关知识。我向顾客推销的时候就会提到"糖原"。日本有一家糖果公司就是根据"糖原"（glycogen）一词直接取名"古力克"（glico），而且在官网上还专门写了公司与牡蛎的渊源。糖原可以迅速补充体力，消除疲劳，还可以激发能量代谢。也就是说，如果你觉得很累，吃牡蛎就对了。如果你想让自己更有活力，也要吃牡蛎。

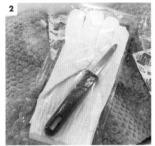

我现在还没有适应育儿生活的辛苦，身体急需牡蛎补充能量。因此，我这次做了生牡蛎、炸蛎黄、蛋卷牡蛎三道菜。

商家说这种牡蛎最好加热之后食用。至于理由，你吃过就明白了！生牡蛎很爽口，但加热后味道变得非常浓郁，吃完口内留有余香。

牡蛎还是很深奥的。我的专长就是剥螃蟹和剥牡蛎，差不多都够格专门写一个人物介绍了。

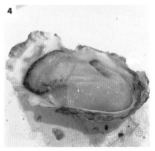

1 牡蛎到货啦。**2** 还很贴心地赠送了剥牡蛎的工具。**3** 肉质很厚，牡蛎壳很薄，很容易剥。**4** 饱满的牡蛎肉。通体呈黄色，这也证明体内含有丰富的糖原。

175

刚刚感受到些许春的气息，产自三重县的新鲜青海菜就上市了。

有很多人会把颜色翠绿、香味清新的青海菜误认为石莼。二者的区别在于，青海菜的香味更浓，属高级品。而石莼有股特殊的苦味，香味较弱，价格也比青海菜便宜很多。很多时候，人们会用石莼替代青海菜。无论是青海菜还是石莼，我都很喜欢吃！恰逢时令，我一定要趁机多吃点新鲜的青海菜。

这次介绍三种烹调新鲜青海菜的方法。大家一定要试着做一做。

青海菜热素面

天气尚冷，那就做一道热乎乎的素面吧。将青海菜洗净，和

左图：先做一道日式风格的新鲜青海菜热素面。
中图：意式汤团青海菜奶油沙司。加入香甜的土豆，味道更佳。
右图：小香鱼青海菜肉汁烩饭。浓浓的春日气息。

大量大葱碎一起放入面汤内，然后就着素面一起吸溜着吃。当然也可以用乌冬面，但是我觉得青海菜会缠绕在乌冬面上，因此这次选择了素面。青海菜和素面真是太搭了。

意式汤团青海菜奶油沙司

奶油沙司内加入的青海菜均匀裹在自家做的意式汤团上。我们家做意式汤团的时候不喜欢把土豆捣得太碎，稍微保留些颗粒感，吃起来口感更厚重。现在正值土豆新鲜美味的季节，这样做好的汤团同时拥有了双重美味！而且做法非常简单，将生奶油放入平底锅内，用小火稍微煮一下，然后加入煮过的汤团，一直煮至汤汁黏稠，最后加入青海菜，就做好了。

小香鱼青海菜肉汁烩饭

无比珍贵的小香鱼！小香鱼是香鱼幼鱼的别称。直接加盐煮熟即可，我喜欢吃的时候再稍微加点橄榄油和酒。这次用小香鱼做一次肉汁烩饭。

大米用橄榄油煸炒，加入白葡萄酒浸湿大米，再一点点加入鸡肉汤，煮至大米吸满汤汁软硬度合适后，加入黄油和削碎的帕玛森干酪，用盐调整味道，最后加入青海菜和小香鱼即可。这道菜是这次介绍的所有青海菜料理中最美味的。

用连头带尾的鲷鱼庆祝女儿节和百天

3月3日是三个月前出生的女儿过的第一个女儿节。我们家的人偶装饰是一层的，只有天皇和皇后人偶，非常低调。再装饰上花束、小方块米糕、以及筑地仲买先生亲自做的菱形年糕，虽然很简洁但也足够了。至于庆贺

我们家的人偶。据说这是我小时候祖父买给我的。

用的饭菜，卖鱼的我们，当然要选用最好的鲷鱼和最好的蛤蜊。鲷鱼是长崎壹岐岛的一竿钓。蛤蜊是三月上旬正值时令时在船桥

蛤蜊在烹调前需要用50℃水冲洗，这样可以去掉腥臭味和泥沙。

捕获的。还准备了个头较小的花鲷，在家用烤鱼架连头带尾一起烤。刺身、连头带尾的鲷鱼、蛤蜊汤以及附近和果子店

买的赤饭，简简单单庆祝第一个女儿节。

壹岐的一竿钓鲷鱼重达5kg，一般没法在家烹调。于是，先放在筑地用盐腌几天，再委托专门制作木盒菜肴和庆祝菜肴的"高砂"帮忙烹调。咸淡最合适的时候恰逢女儿出生一百天的庆祝日。除了鲷鱼，还准备了产自幕张的东京湾蛤蜊、和果子店买的赤饭、朋友送来的樱花饼以及固齿石。饱含家人美好祝愿的庆祝菜肴就做好了。如果按照传统习俗，煮菜和凉拌菜需要分别装在规定颜色的漆器内。我们家没有做到这么细致。

但是，我们家一定会准备最好的鱼，这也是我丈夫最在意的。通过一竿钓捕获的鱼会立即被分类，并且小心保管。我丈夫选的是一个发泡箱内只装一条鱼的那种。这种包装的鱼详细记录了捕获该鱼的船只。我们想清楚知道一条鱼从捕获、烹调，到入口都有谁参与了。因为是给最重要的人准备的大礼，自然要方方面面都了解透彻。今后，我也要给女儿提供最好的食物。

无论是什么菜肴，只要是饱含爱意烹调的都是最好的菜肴。用心准备、烹调就足够了。不过于繁琐、也不过于拘泥于形式，最重要的是传承日本古老的习俗。

为了孩子，大家一定不要忘了传统习俗。

左图：剩下的鲷鱼搭配白芦笋做成意大利肉汁烩饭。
右图：专门为庆祝女儿第一个节日准备的饭菜。之后，我和丈夫两人给瓜分干净了。

31/3

樱花时节一定要吃
马苏大马哈鱼

正值樱花漫舞的时节！提到樱花时节必吃的鱼，莫过于马苏大马哈鱼。2013年我曾专门写过马苏大马哈鱼（P26）。于我而言，每次吃马苏大马哈鱼味蕾体验都不尽相同。普通鲑鱼有一种特有的腥味，但是马苏大马哈鱼没有异味，香味也很高级，而且脂肪肥而不腻。当然了，无论是鲑鱼还是马苏大马哈鱼，我都超喜欢吃。

鲑鱼肉切细一些，腹部有脂肪的部位是我的最爱。最喜欢的吃法是烤熟后，剥下香脆的鱼皮，放上米饭，卷着吃。如果马苏大马哈鱼按照同样的方法做，味道肯定也很棒。我个人认为鲑鱼的鲜美不输给任何一种调味料。但是，马苏大马哈鱼简单烹调就

第一次做马苏大马哈鱼寿司。
明年我还要继续努力。

水饺。作料味道有点太重了。

搭配焯过水的韭菜是酒田的吃法。非常好吃！

能让人垂涎不已。

马苏大马哈鱼变得越来越珍贵了，因为数量较少，所谓物以稀为贵。自然环境逐年变化，马苏大马哈鱼的价格不断上涨。再加之现在是樱花时节，名字中还有樱花二字（日语名），价格更是高居不下。

这次使用的马苏大马哈鱼产自山形县酒田。稍微加点盐腌制一下后盐烤。我喜欢滴点酱油。

第二种吃法是盐烤马苏大马哈鱼搭配焯过水的韭菜。这种吃法是酒田当地的特色吃法。嗯，盐烤马苏大马哈鱼，味道微甜的韭菜锦上添花。

由此得到灵感，第三种吃法我决定用马苏大马哈鱼做水饺，配菜有韭菜、大葱、香菇。煮熟后，淋上腐乳和辣椒油一起食用，说实话，水饺味道还不错，但是凸显不出马苏大马哈鱼的鲜美。

第四种吃法是做成模具寿司。野生的马苏大马哈鱼难免有寄生虫，先经冷冻处理后再做。这是我专门选用大叶竹做竹叶寿司。味道非常棒！明年我要提前备好寿司模具，再尝试做一次手鞠寿司。

用做马苏大马哈鱼寿司剩下的材料做成了手鞠寿司。朋友的孩子说非常好吃。

偶 尔 也 会 吃 一 次 虾 宴

我很少吃虾，也不是不喜欢，只是从来没有专门选购过虾。现在正值虾鲜嫩美味的季节，推荐大家尝一尝。四月上旬，樱虾和白虾过了禁渔期，开始陆续在筑地上市了。那天丈夫拿回家好几种虾，下面介绍一下我是如何烹调的。

樱虾放在1个220日元的西红柿上。

樱虾西红柿沙拉

P24介绍过骏河湾的樱虾，今年也格外甜嫩美味！我喜欢把

左图：外形独特的九齿扇虾。
右图：漂亮的白虾。生吃时需要剥掉外壳。

樱虾和西红柿搭配在一起食用。选用了价格稍贵的水果西红柿，随意切成小块后，撒上满满的樱虾，再淋上高品质的橄榄油和产自丝岛的海藻盐。香甜的西红柿配甘甜的樱虾，这是我最喜欢的吃法。周末的时候我还吃了蚕豆、樱虾比萨，过几天还想再吃一次。

白虾洋葱炸什锦

这次使用的白虾产自富山湾。白虾比樱虾个头要大，把虾壳剥掉后就成了做寿司的材料。我本来打算做成刺身吃的，但是处理起来比较麻烦，于是就用新洋葱一起做成了炸什锦。这个炸什锦好吃得不得了！通过油炸，虾壳变得酥脆，虾肉变得更甜了，新洋葱也很甜。炸什锦可以蘸着天汁搭配冷竹屉乌冬面食用、可以蘸上盐变成炸什锦盖饭、可以用意式裹面油炸后做成三明治，总之吃法多种多样。

过了几天，仲买先生给我打电话说进了一种罕见的虾，名字叫"九齿扇虾"。从下关运过来，在宫崎也叫作"琵琶虾"。据说味道比日本龙虾更鲜美。第一次吃这种虾，我选择了水煮的方法。煮熟后，先吃虾子，口感弹滑。味道浓郁，像虾酱的味道，如果搭配现烤的法式面包和发酵黄油味道肯定很赞……虾肉超鲜美，是我目前吃过的煮虾中最高级的。确实比日本龙虾更好吃，甘甜又有嚼劲，也没有腥味。好想再吃一次呀！

白虾洋葱炸什锦

只需把所有原料混合均匀后入油锅炸即可。

我们家的新宠——
北极贝竹叶寿司

嘴馋的我特别喜欢录一些美食节目。有时间时可以随意播放观看。最近有一种食材深深打动了我，那就是北极贝。我喜欢看的一档美食节目正在做苫小牧北极贝的特辑，看完后不禁垂涎三尺……我是写专栏之后喜欢上北极贝的。在这之前对北极贝完全不感兴趣，我还曾经为了喜欢上北极贝实施了"征服北极贝计划"（P98），时至今日我仍觉得北极贝咖喱超级美味。

这次使用的北极贝并非产自苫小牧，而是产自标津和长万部。据说长万部的北极贝比苫小牧的更高级。至于这二者有什么不同，我的舌头目前还分辨不出。总之，都很鲜美，这次选用了不同产地的两种北极贝并没有对比的意思。

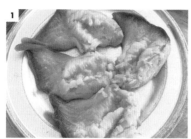

把北极贝拿回家后，我尝试着还原美食节目中的做法。这道菜叫北极贝竹叶寿司。下面介绍做法。

左上三个产自标津，右下产自长万部。

首先准备好醋饭。处理好北极贝后快速过水焯一下。甜姜片切碎，拌到北极贝鱼酱里。对，这次我用的是北极贝鱼酱，一瓶 25 毫升 1080 日元，再加上运费，真是价格昂贵的调味料。依次放上醋饭、甜姜北极贝鱼酱混合物、紫苏碎、焯过水的北极贝，最后再稍微撒点盐，用卷帘轻轻卷一下即可。

我参考的美食节目上做的竹叶寿司最后还装饰了酸橘片，我做的时候忘记了。顺便说一下，甜姜片也是自己亲手腌制的。

至于味道嘛，是我目前为止吃过的北极贝料理中最好吃的。甘甜软嫩的北极贝和酸甜辣、有嚼劲的甜姜片，以及味道浓郁的北极贝鱼酱，真是太美味了。这道菜也要入选我家的保留菜单。

我还用自家腌的盐柠檬做了烤北极贝。只用橄榄油和盐柠檬调味。将柠檬用盐腌制一个月以上就是盐柠檬。烤好的北极贝味道和自己预期的一样，但是烤过之后，北极贝的肉质更紧致有嚼劲。当天正好是母亲节，我把做好的美味寿司当作礼物送给了母亲。好想赶紧听听母亲大人的评价呀！

1 处理干净的北极贝。**2** 自家制甜姜片和北极贝鱼酱搅拌均匀后放在醋饭上面，然后再放上切碎的紫苏。**3** 最后放上北极贝，竹叶寿司就做好了。

千叶的沙丁鱼
迎来了时令

料理教室开了一节专门教授处理沙丁鱼的课程。很多人觉得沙丁鱼有刺，吃起来很费劲，其实只要打开鱼腹后把腹部的骨头掰断就可以轻松享用了。我的料理教室还有一大优点就是上一次课不是只给一两条鱼让你自己尝试，而是会提供六到八条。你也可以把没有处理的鲜鱼直接带回家。

首先，我会给大家示范如何处理，然后做成刺身拿给大家品尝。只需要蘸着酱油和橄榄油就足够了。沙丁鱼的脂肪很甜，也很爽口，味道浓郁。

这次使用的沙丁鱼产自千叶县。因为正值沙丁鱼的时令，所以脂肪非常丰富。用手摸一下，手的温度都快要将脂肪熔化。因为千叶县的沙丁鱼在梅雨季节来临前就迎来了时令，因此也被称为"入梅沙丁鱼"。素有渔获量日本第一之名的铫子港，

在千叶县捕获的沙丁鱼。个头大、很肥，看上去很鲜美。

从南而来的日本暖流和从北而来的亲潮海流交汇，再加上利根川的河水在此处注入海水，造就了这个浮游生物异常丰富的渔场。通过照片就可以清晰看到沙丁鱼是多么肥美，鱼肉多么饱满。因为味道太鲜美，特意邀请朋友一起过来烧烤，做成盐烤沙丁鱼。我还在家做了沙丁鱼三明治。先将沙丁鱼用盐腌一小时，然后连同内脏一并放到烤鱼架上烤熟，把鱼肉拆解下来后，夹到烤热的面包里，再搭配香菜和圣女果。我还加了黑加仑籽，黑加仑的甜香味和沙丁鱼脂肪的香味相得益彰。一定要尝试做一次沙丁鱼三明治！再介绍一下沙丁鱼刺身。照片看上去是不是很漂亮？撒在刺身上的红胡椒和白色的沙丁鱼肉，色彩搭配醒目。还可以将刺身放到面包上做成Bruschetta（意大利开胃菜普切塔）。好好享受时令季节的沙丁鱼吧！

沙丁鱼三明治。可以将鱼内脏一并夹入。

蘸着橄榄油和酱油吃。刺身上撒点红胡椒碎做装饰。

烤熟的沙丁鱼搭配牛油果沙拉，再装饰上酸橙，混合在一起食用。

9/6 北太平洋雪蟹的各种花式吃法！

　　终于到了北太平洋雪蟹的时令季节了。很多人可能都以为冬天是螃蟹的时令，实际上夏天才是产自北海道鄂霍次克海的北太平洋雪蟹的时令。因此，趁着时令季节来临，我在家做了各式各样的北太平洋雪蟹。据说这种蟹是在俄罗斯马加丹海面捕获的。蟹壳上附着着黑色的圆球状物体。那是寄生在螃蟹体内的蚂蝗的卵。据说在日本海捕获的北太平洋雪蟹蟹壳上就有寄生虫卵，而在俄罗斯、阿拉斯加捕获的就没有。为什么呢？

　　首先，处理螃蟹，将蟹壳、蟹脚分解下来。然后，用水冲洗一下附着在蟹壳上的蟹黄，倒入鸡蛋液，做成多汁美味的蒸鸡蛋羹，最后再撒上蟹肉。真是美味绝品！鸡蛋嫩滑、蟹黄芳香浓郁、甜美多汁。这是我新发现的吃蟹黄的方法。

　　下面介绍一下烤螃

螃蟹黄。连同蟹壳一起做成蒸蛋羹。

蟹。放在烤鱼架上烤10分钟左右。赶紧剥开蟹脚吃蟹肉吧，蟹壳的香味已经渗透到蟹肉里了，变得更鲜美。将蟹肉剔出后，放在米饭上，再撒些海苔碎，就可以享用了。

今天的主角——北太平洋雪蟹。非常新鲜，蟹钳还在动。

第三种做法是蒸螃蟹。这是我家经常使用的烹调方法。蒸熟后，可以直接剥开吃蟹肉，也可以做成沙拉或者夹在土司里。我特别喜欢做成蟹肉炒饭。

最后一种做法是我们家初次尝试的螃蟹刺身。根据网上的视频试了很多次都失败了，最后好不容易做好。我最喜欢蘸着生鱼片佐料酒吃。新鲜的北太平洋雪蟹刺身真的好吃到让人震惊。甜、很甜、非常甜！嘴里弥漫着螃蟹的香味，呀，实在是太好吃了。

北太平洋雪蟹的时令刚刚开始，我要趁机多举办几次螃蟹派对。

汤汁丰富，用蟹汤做的蒸蛋羹。里面还加了蟹肉。

16／6 用鱼汤做婴儿辅食

　　女儿已经六个月大了，下牙萌出了，看到我和丈夫吃饭非常感兴趣。我觉得差不多可以开始添加辅食了。添加辅食时，一般最先喂米汤。因为孩子一直只吃母乳或奶粉，米汤不会给身体造成负担。因为我们夫妇俩想培养孩子吃鱼，所以煮粥时用的不是水，而是鱼汤。丈夫特意准备了明石的野生真鲷鱼。

　　因此，今天介绍一下如何煮鱼汤。

　　首先将鱼分切成三部分，将鱼杂碎放入沸腾的热水内焯一下，用笊篱捞出后用流水冲洗掉血水、内脏渣滓和鱼鳞。

这次主要是为了煮鱼汤，因此选用的是只有600g重的小真鲷鱼。

　　然后，锅内放入水和鱼杂碎，沸腾后撇净浮沫，再用中小火炖十五分钟左右。平时我会放一些海带一起煮，但这次为了女儿能够尝到纯粹的鲷鱼的味道，只煮了鲷鱼鱼杂碎。用笊篱捞出鱼杂碎，稍微晾凉，汤汁呈透明微黄，非常香。

　　接着，将洗好的白米放入土锅内，加上足量的水，盖上锅盖用中火煮。待沸腾后转用小火煮至大米软烂。待米汤黏稠、大米软烂的时候，稍微加一点儿鲷鱼汤，再次煮沸即可。

　　慢慢放凉后，只盛米汤给女儿吃。吃第一口的时候，有点不适应，吓哭了，待情绪稳定后就一口一口吃起来了，一共吃了五口。当父母的这个时候真是激动不已。

1 鲷鱼分切成三部分后的鱼杂碎。一定要先仔细清洗干净。

→

2 用水慢慢炖成鱼汤。

↓

3 煮好的鱼汤呈金黄色。

←

4 只有米汤的大米粥。稍微加一点儿鲷鱼汤增香。

第二天的大米粥。
女儿好像很喜欢吃。

192

第二天早晨，大米粥吸干了水分，再加点水煮开。想着加点盐可能女儿会更喜欢这个味道，于是稍微加了一丁点盐。将煮好的粥放入料理机内打成糊状，冷却后再尝试喂给女儿。和前一天完全不一样，看到勺子立刻扑上来吃，我也不知道到底吃了多少勺。女儿好像很喜欢鲷鱼的香味，以及我一直坚持使用的北海道大米的甜味。

女儿喜欢鱼的味道这一点，让我很开心。今后我还会继续尝试给女儿吃更多的鱼。将专门为了给女儿做辅食买回的鲷鱼做成刺身，我坐在女儿旁边一起享用。父母和孩子一起吃同样的食物，真是一大乐事。

一半鱼肉做成普通的刺身，另一半鱼肉连皮一起焯水后做成刺身。

难忘的味道——龟足味噌汤

母亲的故乡是伊豆的下田，那里盛产各种海货。我还记得开寿司店的亲戚给我做的金目鲷寿司、附近一家餐馆的金目鲷炖菜和小锅什锦份饭、外婆用马蹄螺和杂色鲍做的煮菜、竹筴鱼模具寿司、海边小店里卖的竹筴鱼干、商业街上卖的干制鲣鱼和干鲭鱼、在外婆家大家围坐在桌前的场景、配料十足的大盘鲣鱼刺身……任何一道美食都能打开我记忆的闸门，真的好怀念呀。现在很少有机会再去了，每当看到龟足我就会想起外婆。

小时候，每年夏天我都会在下田的海边潜水玩，回家的路上

龟足属于甲壳类生物，外形酷似海龟腿。食用前需要充分洗净。

总会发现扒在岩石上的龟足，每次我都会剥下来几个拿回外婆家。第二天早晨，外婆就会用龟足给我做味噌汤。龟足的汤汁风味独特，承载着我美好的记忆。

龟足属于节肢动物门甲壳动物亚门有柄目铠茗荷科。

用盐煮5分钟。非
常上相。

弄不懂这些没有关系，只要记住龟足是甲壳类就可以了，因外形
似龟足而得名。我也仔细查阅了一些资料，发现西班牙人喜欢把
龟足用盐煮熟后食用。龟足属于珍稀的高级食材，据说有的人为
了捕获龟足甚至还丢了性命。真是难以置信。

临近夏天时，筑地就会有龟足上市。有一些餐馆会专门预定
龟足当作特别食材。

味道感觉很像虾肉，稍微有点甜，又很嫩滑。可惜不能肆无
忌惮地吃个够。

我们家烹饪龟足都是做成盐煮或者朴蕈味噌汤。

左图：剥开壳后是这样的。将根部与外壳部连接处一拧就轻松剥开了。
右图：用朴蕈和大葱调味的简单味噌汤。汤汁非常鲜美。

海蜇的各种做法

　　说到海蜇料理，你脑海里会浮现出什么？我只能想到中式凉菜。上周，丈夫拿回一些海蜇。一直苦恼该怎么烹调，从来都没有接触过海蜇，正好利用这个机会，好好查一下相关资料。丈夫拿回家的海蜇是产自有明海的备前海蜇。近年来由于大量繁殖还导致一些危害，有的海蜇钻到渔网内，有的还堵塞了发电站的出水口。但是最近海蜇大受欢迎，中国的同行也赚了个盆满钵满。

　　首先处理海蜇。因为拿回来的是盐腌制过的海蜇，需要去除盐分。我本来打算洗干净后放在淡盐水里浸泡去盐的，但是这个海蜇要求必须放在浓盐水里泡三十分钟。切丝后再放到水里浸泡。

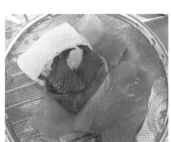

左图：袋内装满了海蜇，非常重。
右图：肉质很厚。看到海蜇肉就想拉扯。

海蜇最适合做成醋拌凉菜。下面介绍一下我做的改良版意大利面。并不是中式冷面，而是中式意大利冷面。天使细面是一种只需煮两分钟即可的超细意大利面。面煮熟后需立即放入冷水内冰镇，然后滤干水分，用盐和橄榄油调味，放入盘内，上面摆放上黄瓜丝、圣女果丝、去盐后拭干水分的海蜇，再淋上热橄榄油和柠檬汁即可。看上去很像中式冷面，实际上是意大利面。充分拭干海蜇上的水分，这样吃起来更美味。

第二道菜是我最爱的台湾黄麻冷汤。市场上买回来的海鲜高汤，加入焯过水切碎的台湾黄麻、切碎的西红柿、生姜、木棉豆腐，最后用泰式鱼酱调味。待汤冷却后，加入海蜇。这道汤超级鲜美！海蜇是什么味道的呢？很有嚼劲，有些咸，散发着岩石的香气。

一般海蜇都是搭配黄瓜丝做成醋拌凉菜，其实海蜇和芝麻酱也很搭。有机会的话一定要试一试。

很像中式凉面。色彩搭配很艳丽。

台湾黄麻海蜇汤。非常好喝。

197

28/7

立秋前18天的
丑日吃鳗鱼宴

　　立秋前18天的丑日我们家一定会吃鳗鱼。从小就知道这天是吃鳗鱼的日子。这次我专门查了丑日的来历。

　　"前18天"源于古代中国的自然哲学，根据五行分配出的时间。四立（立夏、立秋、立冬、立春）前的18天，也就是四季更迭的阶段。"丑日"的丑是指天干地支中的丑。这18天中的丑日就叫"立秋前18天的丑日"。实际上一年有很多个丑日，那为什么就是这天要吃鳗鱼呢？众说纷纭，据说是江户时代的发明家平贺源内帮开鳗鱼店的朋友想到的"销售鳗鱼的方法"。他注意到大家有立秋前18天的丑日要吃日语首音是"u"的食物（例如梅干、瓜、乌冬面等）以防苦夏的习俗。于是他写下了"立秋前18天的

左图：筑地市场外的一个邻居送给我的一瓶鳗鱼可乐。喝到嘴里好像真有点鳗鱼的味道。
右图：超过1kg重的大鳗鱼。刚烤好，看上去很好吃。

丑日　吃鳗鱼的日子"的广告贴在店门口，一时间风靡全国。真是太有创造力了！

我们家是怎么吃鳗鱼的呢？丑日当天鳗鱼价格飞涨，所以我都是提前选购回家放在鱼篓里养着。提前一天把鳗鱼处理干净后，拿到教我们夫妇俩做日式饭菜的老师开的店里，让他帮我们穿成串，再给我们做成白烤鳗鱼、蒲烤鳗鱼，我们拿回家直接放在烤鱼架上加热一下即可。我们做了白烤鳗鱼、蒲烤鳗鱼、鳗鱼盖饭、烤鱼鳍。产自浜名湖的超过 1kg 重的大鳗鱼脂肪丰富，肉质鲜嫩，非常美味。实际上，丑日当天正好是我弃丈夫于不顾，和爸爸妈妈、弟弟弟妹一起旅行回来的日子，回家后发现丈夫和朋友已经张罗好了饭菜，而且还专门给我准备了纯荞麦面。丈夫是一个特别注重节日的人，对立秋前 18 天的丑日也格外重视，精心准备了饭菜。真是开心又美味的一天呀！

如果你错过了立秋前 18 天的丑日当天吃鳗鱼，待下一个丑日的时候一定要记得吃哦。还有一件有趣的事，如果你在立秋前 18 天的丑日当天去超市，能够听到店内一直循环播放各种关于鳗鱼的歌曲。"鳗鱼、鳗鱼、鳗鱼、鳗鱼、大人的味道，烤鳗鱼内脏……"这首歌的旋律一直在我的脑海里挥之不去。歌曲都很欢快，你可以稍稍留心一下。

左图：蒲烤。用竹叶包着很显档次。
右图：白烤。用烤鱼架真是太方便了。

4/8 提前感受秋的气息

　　刚到八月，在鱼的世界里就渐渐能感受到秋天的气息了。下面介绍一下散发着秋天气息的几道菜吧。

　　在筑地一直非常关照我的仲买社长为了庆祝我产子，特意带我去了浅草的一家寿司店。这家店的菜非常好吃，这次还吃到了前面介绍过的产自北海道鹉川的新鲜柳叶鱼。实际上，还未到柳叶鱼的时令，但是鱼肉很鲜嫩，香味甜味都很浓，好吃到不禁连连称赞。

　　此外，我还吃到了最爱的鱼卵中的奢侈品——大马哈鱼子军舰寿司。最近大夫说我胆固醇超标，我已经有两个月没有碰鱼子

左图：在寿司店吃的盐烤新鲜柳叶鱼。从头开始慢慢品尝。
右图：在浅草一家寿司店吃的大马哈鱼子寿司。好像珠宝箱呀。

了。大马哈鱼子比鲑鱼子颗粒稍小一些，口感清爽，但是味道很浓郁。一般到八月底才真正上市，没想到我这么幸运竟然提前吃到了。

我们家尚未吃秋季食物，吃的还是正值时令的各种鱼。首先介绍一下产自东京湾的康吉鳗。八月的康吉鳗肉质肥厚、脂肪丰富。我直接做成了天妇罗，简简单单蘸着盐吃，味道就已经很棒了。我炸得不够好，但是康吉鳗的美味已经出来了，鱼肉多汁又软糯。搭配凉荞麦面吃肯定超级赞。

下面介绍小鲹鱼。鲹鱼的幼鱼，夏天特有的，长大一些后就叫幼鲹了。如果在寿司店点小鲹鱼，价格较昂贵，但是自己在家做，就实惠多了。把鱼头和鱼腹处理干净后直接用醋腌制。小鲹鱼的鱼骨也非常好吃。用醋腌过以后，鱼骨变软，味道更佳。小鲹鱼的肉非常甘甜，一下子吃这么多，真是太幸福了。

啊，想起来了，我也用秋天的食材做了一道菜。就是用开头说的柳叶鱼做了天妇罗。炸的时候要注意，待面衣充分上色后即可。最佳状态就是鱼肉炸透，却还有很多汁。一定不要炸过火！

一边感受着秋天的气息，一边又不希望夏天那么快过去，想能再多享用些夏季美食。

上图：康吉鳗天妇罗。可以搭配白米饭或者荞面食用。
中图：自家做的醋腌小鲹鱼。搭配青柚。
下图：在家用新鲜柳叶鱼做的天妇罗。

聚会上时令鱼大集合

从纽约回国的朋友马上又要回美国了，我们聚到前辈家开了个送别会。朋友说想吃时令鱼，下面就介绍一下我做的时令鱼大餐吧。

我做的第一道菜是手作散寿司饭。应朋友的要求，这次用了秋刀鱼。我家附近的超市卖的鱼非常新鲜，如果没时间去筑地，我就会来这里买鱼。超市内贴了"警惕异尖线虫"的告示，据说因为今年海水较暖，寄生虫特别多。朋友要是吃坏了肚子那可了不得，于是我买了冷冻处理过的秋刀鱼刺身用来做散寿司饭。味道会稍微差一点，但是为了安全只能如此。之前写过（P141）冷冻秋刀鱼都是趁时令季节脂肪较多的时候冷冻起来的，因此也非常美味。

首先在饭桌上做醋饭。我做醋饭的配方是200多克的大米对应3大勺米醋、2大勺砂糖、1/2小勺盐。所有调料混合均匀后放入海带浸泡一小时即可。

随意撒上芽葱、紫苏穗、襄荷、紫苏、萝卜芽、煮熟的扁豆、乌贼和秋刀鱼刺身。最后再撒上茼蒿和食用菊，与秋刀鱼色彩相

装饰了酸橘的散寿司饭非常漂亮。

散寿司饭

待醋饭放凉后，均匀撒上材料，最后装饰上食用菊和酸橘，色彩更丰富。

两盘刺身十个人吃得精光。大盘的刺身拼盘里面都是我的最爱。哈哈哈。

呼应。感觉是不是很棒？

　　没有用什么特殊的食材，只是经层层装饰后散寿司饭就变得华丽又美味了。大家一定要试一试哦。

　　刺身拼盘。里面有明石的鲷鱼、三陆的鲣鱼、波士顿的新鲜蓝鳍金枪鱼、静冈的新鲜小沙丁鱼、出水的金乌贼仔、石川的甜虾、淡路的真鲭鱼、北海道喷火弯的大章鱼、重达13kg的函馆鰤鱼。

　　产自东京湾的丝背细鳞鲀个头很大，差不多有300g重。将肝脏打碎后用橙子醋、酱油调味。我非常喜欢丝背细鳞鲀。在此占用篇幅再细数一下2015年秋天我最爱的10种鱼：丝背细鳞鲀、梭子鱼、秋刀鱼、鲭鱼、竹笺鱼、赤鲑鱼、黑鲑鱼、红方头鱼、

丝背细鳞鲀。好吃到我想一个人独享肝脏。好想赶紧去寿司店吃到饱呀。

阿留申平鲉，还有一种不是鱼的甲鱼。

　　刺身拼盘内净是各种正值秋天时令的鱼。这个组合也算是奢华了，可以给大家当作参考。如果你在店里看到了这些鱼，不妨买回家尝尝。

现在是鲭鱼味道鲜美的季节。前几日，一直特别照顾我和丈夫的大力商店的社长送给我们一条三浦半岛松轮产的鲭鱼。有句话说"西边的关鲭、东边的松轮鲭"，可见松轮鲭鱼是可以媲美关鲭鱼的名品。

这种鲭鱼最大的特点是它不是用网捕捞的，而是用一竿钓捕获的。而且为了最大限度的保持鲜度，钓上来的鲭鱼要迅速脱掉鱼钩，还不能用手触摸。外观上也和普通鲭鱼有很大不同，鱼腹鼓鼓的、沉甸甸的。市面上这种鲭鱼叫黄金鲭鱼，它的价格是普通真鲭鱼的十倍左右。

那么，我该如何烹调这条我见过的最昂贵的鲭鱼呢？思来想

1 我不知道鲭鱼竟然也有鱼鳞。据说普通鲭鱼因为用网捕获，相互摩擦时鱼鳞都掉光了。**2** 裹满盐后放置3小时，杀出多余的水分。**3** 用柑橘调味的醋。**4** 自家做的甜姜片。

去最后决定做成棒寿司。首先，要用醋腌鲭鱼。春天的时候我在三重县买了一瓶限量版的"mifune醋"，说不定很适合做这道特殊的寿司，于是赶紧打开用了。这款醋非常美味，酸甜适中，有一种难以言表的高级酸

一直犹豫该用什么才能对比出大小呢，最后用了柿子，好像也不太合适。

味，下次有机会我还得再买一瓶。然后我又开始琢磨该加点什么香味进去，最后决定加点柑橘。将半个柑橘连皮一起切成薄片，放入醋中。剩下的半个柑橘挤出汁加入醋中，代替砂糖增加甜味。然后再浸泡上海带，这样醋就做好了。将处理过的鲭鱼肉裹上盐，放置三小时，然后用水洗干净，拭干水分后放入醋中腌制一小时。这样鲭鱼就腌好了。

然后做寿司饭。蒸米时，稍微少放点水。将上述做好的醋、砂糖、盐混合均匀后，加入海带放置一晚上。米饭蒸熟后，加入混合醋，待米饭放凉后寿司饭就做好了。然后切开鲭鱼的鱼皮，将米饭放入卷起来即可。

啊，超级超级好吃！柑橘的香气清爽，酸甜适口。用高级寿司饭和腌制鲭鱼做成的棒寿司非常成功。可以大言不惭地说，这是我吃过的最好吃的鲭鱼寿司。鱼腹肉口感松脆、较厚的鱼肉柔软，无论是口感、香气还是味道都堪称完美！等我哪天开店了，我要把这道菜也放到菜单中，请大家品尝。什么时候能实现这个愿望呀……

珍味之黄金鲑鱼子

写了快三年的连载，也介绍了相当数量的鱼贝类，但还是有很多鱼贝类是我没见过的。最近好久没遇到未曾见过的鱼类了，今天第一次遇到了一种叫"黄金鲑鱼子"的鱼卵。是不是很不可思议？为什么

黄金鲑鱼子和奶油奶酪做成的小点心。装饰上莳萝，赏心悦目。

黄金鲑鱼子。颗粒小但味道浓郁。

鱼卵会是金黄色的呢？鱼卵颗粒很小，稍微有点腥味。对，这就是河鱼日本红点鲑的卵。

据说黄金鲑鱼子在筑地一年也就进几次货，是非常珍稀的食材。日本红点鲑的产卵期是十月到次年一月。这次进

的黄金鲑鱼子产自岩手县且是纯野生的。据说也有马苏大马哈鱼的黄金鲑鱼子。一般鲑鱼子都是经腌渍后销售，我查了一下食用方法，大多数都是做成盖饭吃。

我这次买的黄金鲑鱼子是新鲜的，我用味酥浸泡一晚上，让鱼子吸收一些甜味，然后再加点淡口酱油和盐调味，继续腌一晚上。

第一道菜，长面包切小块涂上奶油奶酪，再放上满满的黄金鲑鱼子，最后用切得很小的莳萝做装饰。这样就成了一款美味的小点心。

第二道菜是冷意大利面——天使细面。将黄金鲑鱼子和切碎的洋梨淋上橄榄油，再撒上干鱼子。味道爽口，咸味和水果的甜味搭配均衡。一般天使细面都在夏天食用，这个季节食用也别有一番风味。

如果有一天你看到了难得一见的黄金鲑鱼子，可以很骄傲地说："这是日本红点鲑或者是马苏大马哈鱼的卵。"

黄金鲑鱼子天使细面

天使细面煮熟后放入冰水中快速冷却，然后用笊篱捞出控干水分。拌上配菜和调味品即可。

用自家做的干鱼子和黄金鲑鱼子做成的天使细面。

8/12 用创意比萨庆祝女儿的生日

女儿一岁啦。我邀请了陪我生孩子的朋友、前辈以及疼爱女儿的亲朋好友来家里开生日会。生日当天,我因工作要去一趟静冈,等我赶回来做饭肯定来不及。和丈夫商量一番后决定做比萨!于是我们就做了独家的创意比萨。

提前一天切好所有材料、买好比萨皮,当天只需要把比萨皮擀开,铺上材料后直接烤就可以了,这样特别方便!这次准备的材料有鮟鱇鱼、乌贼、盐腌鲸鱼皮,还有用迷迭香腌好的鸡肉、盐腌了一天的猪排骨、萨拉米香肠。

首先介绍一下鮟鱇鱼比萨。做鮟鱇鱼火锅时剩下的肝味噌(P102)我都冷冻保存了。将肝味噌与白汁沙司混合后,涂抹到

左图:鮟鱇鱼比萨。用盐渍黑橄榄做点缀。
中图:乌贼比萨。拟乌贼香甜鲜美、圣女果酸甜多汁。
右图:盐腌鲸鱼皮土豆比萨。满满的奶酪。

比萨皮上，再摆放上鮟鱇鱼肉、鮟鱇鱼肝、萨拉米香肠、洋葱、虾、黑橄榄、奶酪后烤熟即可。这款比萨非常受大家欢迎。有点味噌味的饼坯、口感很棒的切成骰子状的鮟鱇鱼肉、偶尔入口的鮟鱇鱼肝……一款非常奢侈的比萨。

　　然后是乌贼比萨。将金乌贼的墨液和比萨沙司混合后涂抹到比萨皮上，再摆放上洋葱、圣女果、拟乌贼、西葫芦、青辣椒，不加奶酪直接放入烤箱内烤熟即可。这款比萨味道也不错！乌贼墨液沙司抹得有点多了，但是乌贼的味道很足，乌贼肉嚼起来脆脆的，很赞。下次我要多放点鲜青椒，让味道更辣一点。

　　最后是用盐腌鲸鱼皮做的比萨。摆放上煮熟后味道特别甜的印加土豆、切成细丝的盐腌鲸鱼皮、洋葱、大量奶酪，放入烤箱内烘烤。齐藤水产的社长做的盐腌鲸鱼味噌汤特别鲜美，于是我也在家做了盐腌鲸鱼皮。盐腌鲸鱼皮可以涮火锅吃，放入味噌汤内和土豆味道也很搭，因此，我就琢磨这个组合可不可以应用到比萨上呢，没想到也非常受欢迎！鲸鱼皮独特的香味和脂肪完美搭配香甜的土豆。

　　我们夫妇俩觉得这次的创意比萨还有更多开发的可能性。今后可以多做做比萨。

某一天的
筑地
3

筑地的年末年初非常快乐！

　　筑地年末最后三天像一场残酷的战斗。冰箱里排满了等待配送的订单。从凌晨四点开始，就一直不停地接客、打包，连老员工也来支援，店里挤满了人，一派忙乱的景象。其中可以做火锅的云纹石斑鱼、做刺身的金枪鱼、螃蟹都是热销商品。因为年末嘛，大家自然想要吃点好的。三十一日营业结束后，我去澡堂泡了个澡让自己好好放松一下，然后又去附近的荞面馆美美地吃了一顿。

　　新年伊始活力满满，五日早晨四点到筑地后就去波除稻荷神社祈福，然后去给仲买先生等人拜年。还去看了金枪鱼拍卖会，熙熙攘攘的竞拍现场一派繁荣景象。中途去市场内"爱养"咖啡店休息了一会儿。这是一年来唯一一次和丈夫一起喝咖啡。六点钟，浑身是冰的鱼开始陆续送到店里了。与平时一样，繁忙的一天开始啦。

我每次都喝奶多糖少的咖啡欧蕾。我也喜欢饭后过来喝点东西。

从早晨四点开始，一整天都人山人海。拥挤得连走路都成问题。

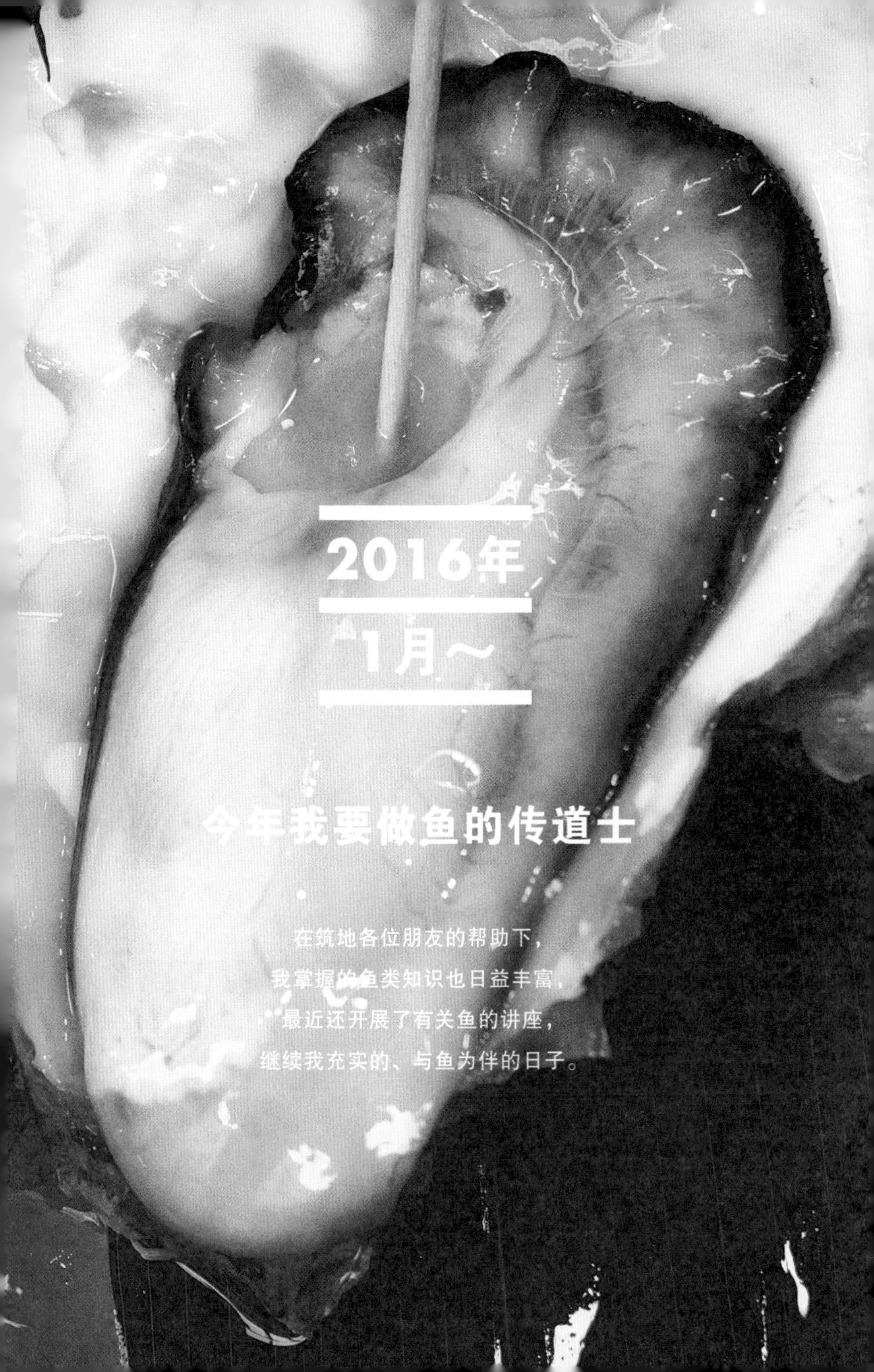

2016年
1月～

今年我要做鱼的传道士

在筑地各位朋友的帮助下，
我掌握的鱼类知识也日益丰富，
最近还开展了有关鱼的讲座，
继续我充实的、与鱼为伴的日子。

5／1 我 的 年 末 年 初

12月30日是筑地市场2015年最后一个营业日。我去"大力"拜访了一直关照我的仲买先生，顺便还送了点贺礼。给鱼店老板送鱼当礼物好像有点可笑，但我还是送了产自静冈县贺茂郡被称为吉祥物的珍味"盐鲣鱼"。盐鲣鱼就是将内脏掏出后，再用盐腌制而成的鲣鱼。我也顺便拿回家一些。

那天晚上我腰痛得快要断掉了，生完孩子后我像变了一个人似的，明明这种时候需要依靠别人，但为了亲力亲为地照顾女儿我忍着剧痛。我都想表扬自己了……

除夕当天，我决定亲自动手做母亲教我的新年大餐，于是我手拄拐杖，上气不接下气地坚持着，最后终于做好了。

盐鲣鱼。看上去很硬，但肉还是很湿润的。

早晨四点钟的筑地就依稀有游客过来了。

新年第一天，弟弟过来接我回娘家，丈夫还要负责店里的卫生，于是跟往常一样去了还在营业的齐藤水产。这个可能让大家有点吃惊，因为在筑地市场外有波除稻荷神社和一家全年无休的小吃店，所以元旦营业也会有很多客人。

丈夫回家后，在玄关挂上了新年装饰物。据说这是三重县纪伊长岛的渔民使用的装饰物。因为是和鱼相关的装饰物，肯定很吉利！

年假快结束的时候我的腰终于可以活动了，于是开始动手处理盐鲣鱼，烤熟后做成意大利面。因为盐鲣鱼很咸，但是有一种难以描述的醇厚和美味，因此，只加了一点点。将切碎的洋葱和大蒜炒香，然后加入腌萝卜，翻炒一下，最后加入少许黄油即可。盐鲣鱼非常适合做意大利面，味道特别棒。可以当鳗鱼使用，除此以外还适合做咖喱饭，我尝试做了各种料理。未来一段时间我家饭菜里都会有盐鲣鱼的身影。

五日是新年初次拍卖会，也是我和丈夫的结婚纪念日。自从在筑地工作后，每年都会去波除稻荷神社祈福，感谢一直关照我们的各位。对于我来说，这是第四次新年初次拍卖会，我在筑地第五个年头的生活即将拉开帷幕。

今年还请大家多多关照！

用Gonta意大利面做的盐鲣鱼意大利面。撒上了大量奶酪。

今年的装饰。饱含着喜庆的寓意。

19／1 知道极品带鱼的来历后，吃的时候感觉更幸福

前几日，在仲买先生的邀请下，我们夫妇俩参加了仲买先生、鱼店老板、厨师长和其他行业的交流会。

交流会上，遇到了千叶竹冈"叶水产"的老板藤平先生，因为年龄与丈夫相仿，二人颇为投缘。我记得二人握手的时候，藤平先生说："这是一双干活的手。我也要多加努力。"他是一位性格耿直、做事认真的人，交流起来给人感觉很舒服。之后我们相处得很愉快，一起聊到了深夜。

交流会第二天，丈夫在店里收到了叶水产寄过来的包裹，里面有一条重达 1.8kg 的大带鱼。终于到了我特别爱吃的带鱼的时令了！而且这条带鱼的肉特别厚。非常高兴收到这样的礼物，还在工作的我迫不及待在店里拍了一张照片发给了叶水产，而且立

左图：漂亮的粉红色鱼肉，而且很厚实。提前去掉背鳍，方便食用。
右图：闪闪发光的带鱼，太美了！

即收到了回复。这件事让我从早晨一直高兴到晚上。

新发现！带鱼和泰国咖喱很搭。

下面介绍一下我们家是怎么吃带鱼的。先用盐腌，然后烤熟，挤上酸橙汁，再搭配大量的黄瓜丝一起吃。鱼肉很松软，鱼骨也脱骨了，肉质柔软、脂肪丰富，可以说是带鱼中的极品了。

第二天搭配泰国绿咖喱饭。带鱼的脂肪和绿咖喱的香味非常融合，摇身一变成了如此奢华的一道菜。如果能明确我们平时吃的鱼是谁挑选的、谁进的货、怎么运到我们这里的，我们会更深一层地感受到鱼的美味。

在超市买鱼，我们完全看不到鱼背后的人们，但是观看完每年的固定节目——金枪鱼渔民纪录片后，立刻就能明白捕鱼是如此辛苦。我们常常抱怨鱼价格贵，但是捕鱼需要耗费这么多的时间和精力。我们能做的就是要仔细品尝这些来之不易的鱼。

我打算用这种饮食育儿方式教育马上能听懂话的女儿。

烤带鱼。我们家喜欢挤上酸橙汁，再配上黄瓜丝食用。

26/1 大家听说过国产的 王鲑吗？

王鲑大家都知道，体形特别大，有的甚至长达两米，简直就是鱼怪！如果真有一条王鲑出现在我面前，我应该不会兴奋地扑上去，早吓得掉头跑了。

泛着诱人光泽的鱼肉。鱼皮下面是漂亮的脂肪。

但是一般市面上流通的王鲑基本上都是从加拿大、美国进口的。有的明明是大西洋鲑却当成王鲑销售。

重达9.1kg的王鲑。好大呀！

一月是吃日产王鲑的季节！来到不该来的地方寻找饵料、长得圆圆胖胖的大馋鬼就是"日产王鲑"。"日产王鲑"出生于俄罗斯，到达大海后一路南下，本该回溯到俄罗斯的河里，但是它们并没有回去，而是游到了日本太平洋沿岸，后被渔网捕获。日本没有供王鲑回溯的河流，所以是王鲑为了寻找饵料游到了日本，可以说王鲑也是标准的美食家。到了六月，这些王鲑就会游到茨城。这次所用的王鲑来自北海道。

我起初对王鲑并没有什么兴趣。"什么？鲑鱼？不喜欢……""不吃你会后悔的哦。"丈夫这样回答我。真的吗？我看到端上来的王鲑刺身就尝了一块，脂肪入口即化，肉质鲜嫩，吃完满口甜味和鲑鱼的香味。我忍不住对丈夫道歉："抱歉，这个真的很好吃。"

于是，我试着用王鲑做了炭烤王鲑、酒糟火锅、炒饭。酒糟火锅就是将自己喜欢的调料（我用的是飞鱼汁）和王鲑鱼杂碎放入锅内，然后依次加入少量酒糟、白味噌、赤味噌、牛奶调味。王鲑被叫作冰头的软骨非常柔软且很好吃。这种调味对于普通鲑鱼来说已经足够美味了，大家可以尝试一下。

这种日产王鲑还有一个特别的名字叫"大鳞大马哈鱼"，如果连这个你都知道，你就是达人了。我也很喜欢吃马苏大马哈鱼，但是大鳞大马哈鱼的美味很让我震惊。感兴趣的各位请联系齐藤水产。

酒糟火锅

最后还是用杂烩粥做的结尾。我吃得太多了，但还是没吃够。

2／2 杂烩粥才是吃火锅的最终目标

　　一月末，专门招呼老朋友来家里一起开个新年宴会，来的都是认识了二十多年的老朋友，是三个家庭的新年聚会。和丈夫商量该吃点什么，既然马上就到阿留申平鲉的时节了，那就用我最喜欢的阿留申平鲉做一顿奢华版的火锅吧。

　　这次提前买好了产自铫子市的7kg重的阿留申平鲉。六个大人吃，好像有点太大吧？下面汇报一下我们是如何吃的。

　　首先，提取高汤。加入盐鲣鱼的鱼杂碎和上等海带，考虑到阿留申平鲉的脂肪很丰富，或许加点其他的肉类会更好吃，又加了鸡翅和大蒜一起

这次火锅的涮品，是不是很豪华？

重达7kg的阿留申平鲉。好漂亮呀！

煮成汤底。鸡翅提前烤一下，香味会更浓郁，不但可以煮汤底，还可以当涮品吃。

汤底内加入阿留申平鲉的鱼杂碎，煮熟后蘸着盐和香油吃，鱼肉嫩滑，鱼皮口感很棒，Q弹且香甜。

然后加入蔬菜，鱼杂碎和蔬菜一起煮着吃。白菜、塌棵菜、萝卜薄片吸满了美味的汤底，变得更美味了。

吃完蔬菜后，快速煮鸭肉，然后蘸着盐和香油吃。煮鸭肉最重要的是鸭肉一熟立即捞出来吃。鸭肉和阿留申平鲉的脂肪实在太搭了！汤底富含胶原蛋白，让人忍不住咕嘟咕嘟大口喝起来。

最后，用漏勺捞干净汤底内的涮品，再将洗好的生米放入汤内，做成杂烩粥。待大米煮到软糯合适的时候，打入鸡蛋花，搅拌均匀后就大功告成了。葱之类的佐料一概不需要加，做好的杂烩粥堪称人间难得的美味。

我们家吃火锅就是为了最后能吃上杂烩粥，为了这个崇高的目标才做的火锅。因为汤内浓缩了盐鲣鱼、大蒜、海带、鸡、鸭、蔬菜、阿留申平鲉的精华，做出来的杂烩粥香味浓郁、风味独特。

7kg的阿留申平鲉要花多少钱，差不多是每人吃一份牛排的钱，这么说你们明白了吧。用杂烩粥做结尾的火锅，有机会一定要做一顿！阿留申平鲉是一种怎样的鱼，请参看前面的文章（P116）。

最棒的杂烩粥。吃第二碗的时候可以加入前面介绍的北极贝鱼酱调味（P185）。

品 尝 冬 天 最 后 的 味 道

马上就到春天了，赶紧抓住冬天的尾巴吃点冬季特色的食物。这次给大家介绍一下冬天才能吃到的美食。

秋刀鱼干

秋刀鱼代表的是秋天的味道。冬天的秋刀鱼都是鱼干，秋刀鱼时令结束后，脂肪较少的秋刀鱼整体做成鱼干也是很好吃的。用小火慢慢烤十分钟，就着日本酒一点儿一点儿吃，啊，太幸福了。

"根津松本"的鲑鱼卵巢

我特别喜欢吃鲑鱼卵巢，但鱼卵胆固醇较高、盐分也高，虽说好吃，也不能吃太多。前几日去拜访了一家名叫"根津松本"

产自三重县纪北町的秋刀鱼干。非常美味。

根津松本

东京都文京区根津1丁目26-5
03-5913-7353

川崎米谷

北海道带广市绿之丘1条通4丁目5
0155-24-5516

的鲜鱼店。在仲买先生的引荐下，有幸和老板松本先生交流了一番。松本先生送给我的鲑鱼卵巢真是好吃到令人震惊。

我专门用在"川崎米谷"卖的叫"早川的美梦"的大米做了手握寿司。这款大米凉了之后也很甜很润，非常适合做手握寿司。鲑鱼卵巢不是辣口的，是咸口的。用刀一切容易流出汁水，手法一定要轻柔。味道和我之前吃过的鲑鱼卵巢完全不一样！松本先生的店经营各种高品质的鲜鱼，喜欢吃鱼的各位一定要过来逛逛哦。不仅商品，店老板人也非常好。

鲱鱼咖喱

我们店里有个同事非常擅长做斯里兰卡料理。她做的斯里兰卡咖喱堪称一绝，多种咖喱和拌饭料混合一起吃，可以称之为"万花筒吃法"。那天料理教室正好有做腌鲱鱼的课，于是我就用处理过的鲱鱼做了咖喱。

斯里兰卡的鱼咖喱是用类似于鲣鱼的东方狐鲣加工而成的一种叫作"马尔代夫鱼"的产品做的。在日本买不到，所以我做鲱鱼咖喱时用的是盐鲣鱼高汤。做好后味道浓厚、鲜美，非常成功！丈夫的生日会上，我特意做了一顿豪华大餐，有四种咖喱、三种配菜，然后把这些菜混到一起吃。鱼也是非常适合做咖喱的。

右下茶色的那盘就是鲱鱼咖喱。鲱鱼做成咖喱也很好吃。

富有光泽的鲑鱼子。这种手握寿司，多少个我也能吃得了。

轻松在家吃河豚大餐

电视上在播特别节目，介绍三月是河豚的时令季节。最近市面上也有出售"处理过的河豚"，就是摘除内脏，经过灭毒处理的河豚。据说仲买先生也为促进销售"处理过的河豚"作出了自己的贡献，真是了不起！

虽说丈夫有河豚烹调许可证，但是我们这次还是买了产自大分的"处理过的红鳍东方鲀"，借此机会在家做了一次全套河豚料理。

首先是河豚生鱼片。我特别喜欢吃鱼皮，如果这个鱼皮放到杂烩粥里，河豚的风味倍增，胶原蛋白融入粥里，好吃得一塌糊涂。当然，河豚鱼肉也很美味，有嚼劲，还有河豚肉特有的清淡，吃起来清爽美味。

左图：连葱都没有的超简约版杂烩粥。
中图：在河豚的点缀下，连便宜的豆腐都变得无比好吃。
右图：好想多吃点，但是太少了，只能尝尝它的美味了。

第二道菜是炸河豚。和炸鸡肉一样，先将河豚用生姜、大蒜、酒、酱油、少许味醂腌入味，为了突出河豚的香味，特意少放了些生姜和大蒜。淀粉和面粉的比例是 1 : 4，搅拌均匀后，将河豚肉裹上面粉，弹掉多余的面粉，放入 170℃的油锅内炸至香脆。河豚料理中我最爱炸河豚，一晚上吃了十块。不只是炸河豚肉，河豚鱼杂也可以一起炸。炸好后，可以咂一咂鱼骨上的肉，味道很不错。我现在做炸河豚已经驾轻就熟了。

第三道菜是河豚什锦火锅。这次配菜只用了白菜、大葱和豆腐，准备好橙子醋，用海带高汤做汤底，感觉像是吃豆腐汤。河豚鱼肉非常嫩滑，还特意加入了鱼骨，这样汤底味道更浓郁。在超市买的便宜豆腐，这么一做，味道可以和知名的豆腐相媲美了。你能感受到河豚的力量。

我们家特别喜欢吃火锅，其实最终是为了吃一顿河豚杂烩粥。火锅肉都吃干净后，只剩下汤了，打入一个蛋花，再加入"京都云月"的小松昆布调料做成杂烩粥。就着朋友做的腌萝卜，虽说很简单，但已经是满满的幸福味道了。还可以加点吃剩下的橙子醋，味道也很棒。连葱都没放，朴素无华却能让你感受到强大的河豚力量。

这就是这次吃的河豚料理，虽说没有鱼白料理，但已经超满足了。剩下的给女儿当早餐，我是不是很会持家？大家可以在家尝试做简单的河豚料理哦！

女儿不太喜欢吃，或许是因为太清淡了。

出 水 的 竹 笑 鱼 最 美 味

到了竹笑鱼味道最鲜美的季节了。

在外吃饭的时候，总是会听到店员推荐："今天的竹笑鱼产自出水哦。"我自己点菜的时候也喜欢点竹笑鱼。因为竹笑鱼真的特别美味！

前几日，我去了浅草的一家名叫"寿司清"的店，我喜欢这家寿司店，不单单因为大厨握的寿司独具魅力，还因为柜台上专门写了今天的鱼的产地。这样一来可以一边吃着推荐菜，一边聊一聊鱼产自何处、有什么特点等话题。

第二天，去一家筑地市场内叫"岩佐寿司"的寿司店采访，拍摄时，大厨说："今天的竹笑鱼是出水的哟！"采访的工作人

浅草 寿司清

东京都台东区浅草1-9-8
03-3841-1604

出水的竹笑鱼。表情好可爱呀。

左图：上面是醋腌幼鲹，下面是出水的竹笋鱼。是不是脂肪很丰富？
右图：午饭有炸竹笋鱼、竹笋饭、醋腌鲭鱼、西京酱银鳕鱼。

员立刻追问："什么是出水？""跟我们说说产自出水的竹笋鱼有什么不同吧？"这样立刻就找到采访切入口了。

产自鹿儿岛出水的竹笋鱼是通过一竿钓捕获的。比起网捕，这种捕获方式不会让鱼受伤，由此可见出水竹笋鱼的珍贵程度。机会难得，工作人员趁机吃了一回竹笋鱼手握寿司。

周末我在家招待客人时做了竹笋鱼刺身，周日午饭做了炸竹笋鱼。炸竹笋鱼的窍门是高温炸至面包屑开始上色的时候立刻捞出。利用余温面包屑一会儿就变成了金黄色，如果炸过头，鱼的脂肪就会被炸出。

出水的竹笋鱼到底好吃在哪里呢？处理鱼的时候，你就会发现鱼的脂肪非常丰富，手上都沾满了脂肪，特别滑。但是一点腥臭味都没有。放入口中的瞬间你就会立即发现："咦，和平时吃的味道不一样！"比平时吃的竹笋鱼香味更浓、脂肪更甜。怎么样，想不想尝一尝？如果你能碰到产自出水的竹笋鱼，一定要买回家尝尝，吃一口你就会明白它的特殊之处了。

我们家招待客人的饭菜也是千奇百怪

　　自从孩子出生后，很多朋友过来探望，在家里喝一杯的机会就多了起来，我每天都要煞费苦心地琢磨该做点什么好吃的招待客人。丈夫每天都在筑地上班，我又是个专业美食家，客人们都非常期待吃到我做的鱼料理。我们家平时每天吃的也是鱼料理，招待客人我就想冒险做点不一样的。我们夫妇俩决定做些不一样的比萨。比萨既可以吃到肉，又能吃到菜。现在樱虾刚刚解禁，可以用大量的樱虾当原材料。

　　将自家做的比萨皮擀好（也可以买市售的比萨皮），涂上一层薄薄的番茄酱，撒上焯过水的球子甘蓝、洋葱、新鲜的樱虾，

左图：左下是鱼白和烤焦的黄油、中间是樱虾。右上是意大利盐腌猪肉和土豆。

右图：像红色的绒毯一样，球子甘蓝味道甘甜可口。

放入烤箱内烤。烤好后，再撒上一层新鲜的樱虾，淋上橄榄油即可。一款比萨既可以品尝到香脆美味的樱虾，又可以吃到口感微甜软糯的新鲜樱虾。确实有点奢侈，可以说是一款充满春天气息的比萨。

还有一款非常规比萨。在比萨皮上涂一层薄薄的白色酱汁，摆上切好的河豚鱼白，撒上盐后放烤箱内烤。烤好后，再撒一层海藻黄油，用燃烧器把黄油烤至焦黄，然后趁热食用。这款比萨真是重大发现，味道甘甜且浓厚。河豚的鱼白非常好吃，但今年已经过季了，只能等明年再做。

下面介绍做法简单但原料收集难度较大的酱螃蟹。制作酱螃蟹的原料是梭子蟹，可以在筑地、糖商小街买到，也可以拜托附近的鱼店进货。问题是腌梭子蟹的酱汁，我委托齐藤水产的一位韩国同事帮我做。大家可以咨询一下附近的韩国料理店，说不定也能做。要让酱螃蟹好吃，关键是要趁梭子蟹活着的时候腌制。市面上销售的酱螃蟹用的是冷冻的梭子蟹，做出来的味道真是天壤之别。酱螃蟹的蟹肉很有弹性，堪称精品。

这次介绍的料理都比较非常规，但是原料在筑地都能够买到，欢迎大家前来采购哦！

做好的美味酱螃蟹！哪天可以开店卖了。

　　小长假前三河寄来了非常好的贝类。说到三河湾,最有名的应该是菲律宾蛤仔,这次除了菲律宾蛤仔还有滑顶薄壳鸟蛤,而且这滑顶薄壳鸟蛤并不是经煮过后冷冻的,而是鲜活的。一收到包裹,就迫不及待剥了一个放入口中,嗯,好甜呀,个头好大呀。很少能见到这么大的滑顶薄壳鸟蛤。我把滑顶薄壳鸟蛤一半做成刺身,一半和菲律宾蛤仔一起做成了菜饭。

　　菲律宾蛤仔需要用50℃的热水烫洗一下去除腥臭味※,再用日本酒上锅蒸。待贝壳开口后,立刻从锅内取出,放在一旁晾凉。淘过的大米内放入蛤仔汤汁和盐后直接开始蒸,待米饭蒸熟后加

个头超大的滑顶薄壳鸟蛤和菲律宾蛤仔都是鲜活的。超级新鲜!

※菲律宾蛤仔用约50℃的水冲洗一下表面,蛤仔就会开始吐出泥沙和黏液。贝壳一直紧闭,但并没有死。放置三分钟左右,用笊篱捞出放在流水下冲洗干净后就可以开始烹调了。

入菲律宾蛤仔肉和一切两半的滑顶薄壳鸟蛤肉，再蒸十分钟即可。这是我第一次做贝类菜饭，没想到会这么好吃！好吃程度可以和专门的饭馆媲美了。贝类的汤汁很浓郁，只需要稍加点盐调味即可。

过了几日，特意联系了给我寄蛤仔的朋友，表示感谢的同时又拜托他能不能再给我寄一份蛤仔。因为黄金周是蛤仔最后上市的日子，机会太难得了。

第二次寄的蛤仔我也收到了。这次想来个奢侈的吃法，于是做了蛤仔意大利面。用少许的海带茶（颗粒）和法国海藻黄油调味，意大利面吸满了蛤仔的汤汁，再淋上特级橄榄油，就可以享用了。要是有欧芹，撒上一点味道会更好。因为之前已经用滑顶薄壳鸟蛤做过刺身了，这次决定用它做蚝油炒面。滑顶薄壳鸟蛤蚝油炒面是不是很有创意？这个味道超级美，好想再吃一次，可只能等到明年了。超市里有卖韩国产的滑顶薄壳鸟蛤，可以买回家试做一下。

上图：菲律宾蛤仔和滑顶薄壳鸟蛤菜饭，淡咸味。
中图：用大粒菲律宾蛤仔做成的奢侈版蛤仔意大利面，味道浓郁。
下图：滑顶薄壳鸟蛤蚝油炒面。

17/5 引领我走上 "鱼之道" 的社长

2016 年 5 月，我尊敬的齐藤水产的齐藤善明社长骤然离世了。

我能在网上写连载专栏、如今能出版这本书，全都是从社长叫我来筑地那天开始的。这次，我要专门写一写引领我走上"鱼之道"的齐藤社长。

我与社长相识于 2011 年。当时我想在鲜鱼店工作，给齐藤水产打电话，社长说："给你安排面试，你现在能过来吗？"这个机会实在太难得了，我用百米冲刺的速度赶到筑地，内心无比紧张地来到店里，看到的是社长忙碌的身影。对了，那天社长第一个介绍给我的员工正是我现在的丈夫。

社长知道我从事美食方面的工作后，教授了我很多食物的知识。社长不仅仅对鱼类严格，对于一般食物也非常严格。我刚来这里工作的时候，社长让我煮野菜荚

社长的生日、我和丈夫的结婚纪念日合到一起庆祝时拍的纪念照。

果蔬，煮好后紧张地端给社长品尝，社长说："硬度刚刚好，很不错。"意思就是通过考察了，从那天起我开始负责店内的员工伙食。

刚开始的时候，我做一顿饭得花一个小时，社长就很生气地说："天都黑了！"要知道我做的是十二个人的饭呀。正因如此，练就了我速战速决的做事风格。每天一到十二点，我就会去问社长："今天做什么饭呀？"社长会回答"今天送来了好吃的野生山药，就做山药饭吧！"或者"梭子鱼很好吃，做炸梭子鱼吧"。每天都会这样一问一答，我非常喜欢这种对话。

通过给大家做饭，我从社长那里学会了很多知识。例如，社长对米饭和味噌的要求特别高，总会给我们吃最好的；烤鱼的时候，"河鱼要先烤鱼皮，海鱼要先烤鱼肉"，因为河鱼脂肪较少，先烤鱼皮，再翻过来烤，这样油脂不会流下来太多。

我本来就是为了学习如何处理鱼才来这里工作的，但是最初工作的一年社长根本就没有让我碰过鱼。有一天，我想跟一个前辈学习如何处理鱼，社长非常生气地说："这里可不是学校！"我很懊恼，于是就在家里疯狂练习如何处理鱼，过了几个月后，我把自己处理的鱼拿给社长看，希望他能给我处理鱼的机会。社长问："这是谁处理的？"知道是我之后，社长说："嗯，处理得很棒。"第二天，社长就让我处理做海带卷用的鲷鱼和比目鱼了。社长给我做了示范，指

2012年元旦。每年元旦全体员工都可以吃到社长亲手做的料理。

233

导我下刀的角度。我请求社长："我想回家再多练习一下，能不能借用店里的刀？"社长直接送了我两把名店杉本刃物的刀，一把处理螃蟹的，一把处理鱼的。直到现在这两把刀都是我制胜的法宝。

很少表扬别人的社长，有一次竟然夸奖我了。那天我早早去了市场，后来有好几个人跟我说："社长夸奖小友做的中式盖饭非常好吃。"刚被训斥的我，听见后高兴得快要飞上天了。我一边骑着摩托车，一边流着泪回忆这些点点滴滴。在给社长守灵的时候，社长女儿也跟我说社长经常夸奖我，听到这些心里真的很高兴。

每逢公司有重要的活动，社长总会拿来好吃的鱼和肉请我们吃大餐，跟我们说："吃点好吃的。"就算是员工伙食，也是用当季最新鲜的食材。我生病住院，出院后回来上班，社长还专门做了刺身拼盘庆祝我出院，并嘱咐我："多吃点！"

社长教给我很多烹调鱼的方法。我们家制作辣腌鱼的配方也饱含着社长的味道和技术。我现在活跃在杂志、电视上教大家做的鱼料理也是在社长教的基础上改进的。对社长，我只有感恩，

左图：为庆祝我出院，社长专门做的刺身拼盘。
右图：这就是社长夸赞的猪肉很多的中式盖饭。社长喜欢的酱油味。

正因为社长让我在齐藤水产工作，我才能学会处理鱼；我才会爱上鱼；我才会认识这么多朋友；我才会遇到我丈夫，拥有女儿。

女儿出生一个月后恰逢元旦，去社长家拜访。

我把结婚的消息告诉社长时，社长微笑着，一副"我早就知道啦"的表情，并送给我美好的祝福。在小酒馆，我唱了一首社长喜欢的演歌，社长瞪大眼睛高兴地说："卖鱼的时候可千万别唱！"女儿出生一个月后，社长抱着她逗她玩。真的非常感谢！

我在网上发表连载后，全国各地很多读者都成了社长的粉丝。大家一定要来齐藤水产哦，我们一起聊更多关于社长的回忆。

亲爱的齐藤社长，为您衷心祈祷冥福！今后我还会继续我的鱼之道。

左图：按照社长教的方法烤的鲑鱼。在家我也会自己做日式饭菜。腌菜也是社长给我的。
右图：新上市的秋刀鱼。即使一条将近一千日元，社长也让用来给员工做伙食。社长还教我搭配上大量的萝卜泥，味道更好。

我 的 最 爱 ——
黑鲹鱼泰国红咖喱饭

　　黑鲹鱼是我最爱的鱼之一。五月末黑鲹鱼时令就快结束了。雌黑鲹鱼肚子里满是鱼卵，几乎要把鱼腹撑爆，感觉像是为了迎接即将到来的产卵期，在做最后的努力。我喜欢用黑鲹鱼做成我的最爱——黑鲹鱼泰国红咖喱饭。

　　黑鲹鱼的汤汁与西红柿、椰奶非常搭，如果用绿咖喱会无法突出鲜味。黑鲹鱼仔细处理干净后，放入锅内慢慢炖煮。做鱼咖喱的时候，我会尽量把鱼骨剔除干净，否则吃起来满嘴都是鱼刺，特别不爽。

左图：做咖喱饭时，将鱼切成圆片，口感会更好。
右图：千叶的胜浦捕获的黑鲹鱼。

黑鲢鱼泰国红咖喱饭。

　　这次我把鱼切成了圆片，切之前需要去掉鱼背鳍和腹鳍。去鱼鳍的方法很简单，用刀在鱼鳍两侧各切 1cm，切断鱼骨一下就可以把鱼鳍拽下来了，然后再切圆片。鱼杂也可以煮汤，鱼鳞需要彻底刮干净。

　　待水沸腾后，将鱼块放入烫一下，迅速捞出放入冷水里，这样脏东西和血水就会漂出来，再冲洗掉鱼鳞，这样准备工作就做好了。

　　将泰国红咖喱、个人喜欢的蔬菜、切碎的西红柿一起放入锅内翻炒，待西红柿炒出水后，加入椰奶和黑鲢鱼，用中小火慢慢炖至鱼肉熟透。需要注意的是如果用大火煮沸，椰奶会水油分离，一定要小心。

　　待鱼肉熟透后，加入泰式鱼酱和砂糖调味。我非常喜欢这道咖喱饭！每到黑鲢鱼时令，一定会做这道咖喱饭。接下来就是鲈鱼、石鲈的时令了，用它们做咖喱饭味道如何呢？大家可以试一试，这道咖喱饭的关键是要放大量的西红柿。

7/6

让 孩 子 爱 上 鱼 的
育 儿 方 法

　　最近，有人让我就"日本人远离鱼"的问题谈谈自己的看法。确实，回想我小时候只经常吃刺鲳和四鳍旗鱼，从来没有特别想吃鱼料理的时候，也没觉得水族馆有多好玩。

　　但是，自从我从事与鱼相关的工作后，去水族馆就会目不转睛地盯着鱼看。有些不可思议，到现在才喜欢上鱼。自从女儿出生后，我不自觉地收集了很多和鱼相关的物品。我希望女儿能喜欢鱼，喜欢吃各种美味的鱼，还能跟朋友分享各种珍贵的鱼……

左图：哇哦扑克牌。插图非常赞。
中图：可以教孩子如何把鱼分割成三部分。
右图：无意买到的鱼图案的衣服。

因此，这次介绍一下我的育儿方法，分享一下我是如何让孩子喜欢上鱼的。

首先，要让女儿时刻感受到鱼就在自己身边。最好的办法就是让玩具都是各种鱼，玩偶也是各种鱼。我每次旅行都会买，朋友也会送。一堆鱼玩偶放在一起超级可爱。

最近，女儿开始喜欢上过家家。玩过家家的时候，可以渐渐增加一些道具，我特意买了做饭的仿真玩具。这个玩具真的很棒！首先可以把鱼切成三段，翻过来就变成了木碗，还有纳豆、烤鱼用的网架，可以借助这个玩具教女儿如何处理鱼。可以说是一款寓教于乐的玩具！

森永制果出品的"哇哦扑克牌"也很棒，据说有五十种玩法。说明书上有鱼类图鉴，插图也很可爱。虽说适用于五岁以上儿童，但是也适合大人用来增长知识。因为这套扑克牌，女儿现在非常喜欢吃鱼，去了水族馆也一直盯着鱼看，睡觉时抱着我给她买的鱼玩偶，衣服也最爱鱼图案。

还有一件非常重要的事，那就是几乎每天都会带她去附近超市或卖鱼的柜台看各种鱼。看上去这么做好像没有什么意义，但我相信有一天她一定会认识这些鱼。

手感很好的产自印度的大鲨鱼玩偶。

左页从上到下：海鳗、深海里的扁章鱼、竹笑鱼。

用凉拌竹笑鱼驱散梅雨季节的潮湿

我刚写过竹笑鱼，这次还要再写一次竹笑鱼。现在正值梅雨季节，天气越来越闷热，谁不想用清爽的食物赶走闷热呢？

这次我要给大家介绍一下凉拌竹笑鱼的做法。

我做的凉拌竹笑鱼，既不需要将鱼切细丝，也不需要煮熟。只需要把鱼切大块，然后和有香味的蔬菜拌到一起就可以了。如果喜欢吃肉质黏糯一点的竹笑鱼，可以把用刀拍一拍竹笑鱼，再撒上盐，搅拌均匀后黏性就出来了。

用到的香味蔬菜有紫苏、襄荷、紫苏穗、青葱或者大葱、红洋葱、黄瓜，以及自家腌制的甜醋嫩姜。六月是腌制甜醋嫩姜的时节，如果有时间可以腌制大量的嫩姜，用于日后烹调鱼料理，而且还适合做咖喱饭。

出水的竹笑鱼。因为是一竿钓的竹笑鱼，品相就是不一样。

将除黄瓜以外的所有香味蔬菜切碎备用。葱类的蔬菜如果切得太大辣味会太浓，我喜欢切细丁。如果时间充裕的话，可以把黄瓜对切开后，用勺子取出黄瓜籽，这样可以减少出水。然后将黄瓜切大丁。

最后调味。另取一个容器，倒入酱油、少许酒、少许味噌，搅拌均匀，然后放入竹笑鱼和蔬菜，大致搅拌几下即可。清脆的黄瓜吃起来口感很清爽，非常适合当下酒小菜，但是我喜欢就着刚出锅的米饭吃。

对了，前几天的亲身感受，我让丈夫蒸米饭，可蒸好的米饭没有光泽，吃起来也很干，没有甜味。追问之下才知道，原来丈夫用的是我从超市买的便宜大米。我平时吃的大米都是川崎米谷生产的"早川的美梦"。我也是第一次发现不同的大米口感差异竟然这么大。"早川的美梦"味道很棒，非常下饭。既然做了美味的鱼料理，与它搭配的米饭当然也要选用味道好的大米。"早川的美梦"价格稍高，但也不是太贵，可以的话，一定要买来尝尝。

凉拌竹笑鱼放到米饭上，一口气吃光，真是太美味了！

5/7 用豪华的手卷寿司庆祝父亲节

　　母亲很注重仪式感，但凡遇到节日或者家人的生日之类的，一定会召集大家回家一起吃饭。六月份的父亲节因为大家工作都很忙，没时间凑到一起吃饭，一直拖到前几日，才在娘家举办了手卷寿司聚会。今天给大家介绍一下手卷寿司用到的食材。

　　·长崎对马产的康吉鳗。丈夫前天就把康吉鳗煮好了，弟弟做的配菜。准备了大量黄瓜丝，做成黄瓜康吉鳗手卷寿司。

　　·山形县鼠之关的海带卷东洋鲈。脂肪丰富，一口吃下去可以感受到食材的力量感。

我们家的手卷寿司。如此豪华的手卷寿司，我也是第一次吃。

　　·产自东京湾千叶富津的海带卷沙钻鱼。因为非常入味，口感黏糯浓厚。搭配蘘荷、黄瓜、紫苏食用，味道更佳。

·兵库县明石的小鲕鱼。小鲕鱼就是鲕鱼的幼鱼，虽说是幼鱼，但是脂肪也很丰富。

·新西兰的马苏金枪鱼的脊骨部分和颈腩。我最喜欢大葱配金枪鱼肉。颈腩既有红肉又有脂肪，适合做手卷寿司。吃上一口，脂肪入口即化。

·千叶县富津的幼鲹。幼鲹价格便宜，一般认为没有价值。但是味道特别鲜美。

·三重产的澳洲鲭。这次丈夫做的醋腌澳洲鲭，醋有点多，但很适合做手卷寿司。

·京都舞鹤产的白乌贼。七月的白乌贼特别鲜美，肉质柔软甘甜。这个时节不吃绝对会后悔！

·千叶县佐岛产的章鱼。直接把章鱼煮熟。我特别喜欢章鱼头，Q弹爽滑，口感满分！

还有煮熟的对虾、青森的海胆、蟹肉、三陆产的扇贝、弟妹最爱的北海道产的鲑鱼子。这次吃的是豪华版的手卷寿司。

手卷寿司最重要的是做寿司的食材，但是也不能忽视了"配角"。那就是品质好的海苔，好的海苔吃到嘴里，香味会在口中弥漫。这一点很重要，不能忽视。做散寿司饭时也一样。如果觉得麻烦可以直接买市售的寿司醋，提前放入少许海带、砂糖静置三小时后再使用，这样做出来的寿司饭味道更好。

海胆很大！

12/7 在高知体验草烤鲣鱼

六月末去了一趟高知。去高知必然要吃鲣鱼！

初鲣指的是早春树叶刚发芽时捕获的鲣鱼。那时准备北上的鲣鱼鱼群恰好经过高知近海，因此可以吃到新鲜美味的鲣鱼。

我们到访的是高知县一个叫久礼的渔民小镇。"久礼大正町市场"是一个具有浓厚怀旧气息的市场，经营蔬菜、副食、刚捕获的鱼等。市场内一家叫"田中商店"的店铺就是这次我们拜访的终点站。

在社长的热情邀请下，我们有幸体验了稻草烤鲣鱼。一进烧烤场，就闻到了一股稻草的清香味。几年前，齐藤水产进了一些四万十川的稻草，在店门口用稻草烤过一次鲣鱼，我还记得因为

1 我好想家里也有一个这样的烧烤场。**2** 真的很烫！**3** 刚烤完直接吃，真是太奢侈了。连香味都与众不同。**4** 我做的稻草烤鲣鱼，火候怎么样？

当时火势太大，丈夫还被烧伤了（后来我才知道在高知根本就不管稻草产自何处）。

田中社长说最重要的就是火候。加足稻草待火力最大的时候，将鲣鱼放入火中，大约烤不到一分钟，短时间

海边价（捕鱼的地方）超便宜！

烤一下表面即可。烤好的标准就是鲣鱼表面烤焦，而鱼肉又没有烤透。不同季节鲣鱼的脂肪含量也不一样，具体烤多长时间全凭经验。因为火势太大，脸被烤得很烫，而且内心还很紧张。我们把高度紧张状态下烤好的鲣鱼拿到对面的店里，当作早饭吃了。

早饭的菜单有我烤的鲣鱼、鲣鱼刺身、一种叫"HARANBO"的盐烤鲣鱼腹肉。这些菜都要求鲣鱼足够新鲜，因此在东京是吃不到的。还有用鲷鱼汤做的味噌汤、刚刚出锅的热米饭，这顿早饭真是太丰盛了！

前夜宴会喝多了，现在还有点宿醉，身上有些软弱无力。鲣鱼独特的酸味、红肉的强烈味道、稻草的清香、米饭的甘甜、味噌汤的鲜美，一切都如此完美。我亲手烤的鲣鱼也颇受好评，我一定还要再去一趟高知！

田中商店的网站上说六月是鲣鱼脂肪最丰富的时节。果真非常美味！唉，我竟然没有吃上鲣鱼的心脏！鲣鱼最重要的就是鲜度，这份美味在东京是享受不到了。

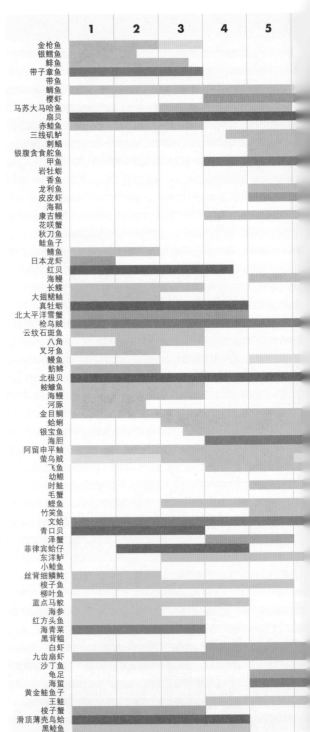

时令鱼一览表

将本书介绍的鱼贝类的时令作成一目了然的一览表。参照此表，就可以自由享受各种美味的鱼贝类了！

此表是基于筑地的四季变换，以及采访相关从业者后做成的。这里介绍的时令可能会因天气、产地等因素导致偏差，请知悉。
（主编／齐藤水产 贺茂晃辅）

鱼类

贝类

甲壳类

其他

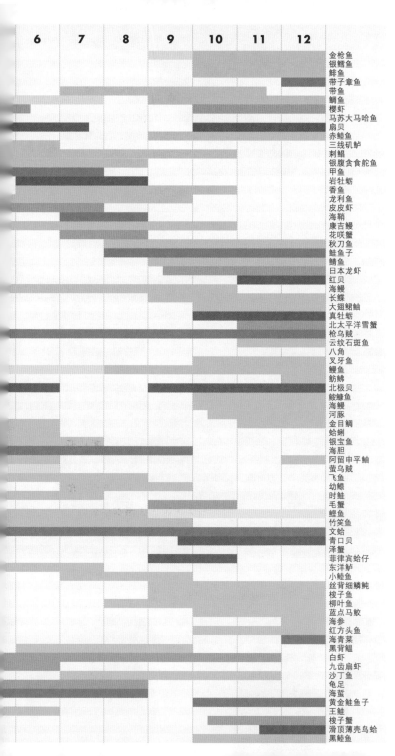

6	7	8	9	10	11	12	
							金枪鱼
							银鳕鱼
							鲱鱼
							带子章鱼
							带鱼
							鲷鱼
							樱虾
							马苏大马哈鱼
							扇贝
							赤鲹鱼
							三线矶鲈
							刺鲳
							银腹贪食舵鱼
							甲鱼
							岩牡蛎
							香鱼
							龙利鱼
							皮皮虾
							海鞘
							康吉鳗
							花咲蟹
							秋刀鱼
							鲑鱼子
							鲭鱼
							日本龙虾
							红贝
							海鳗
							长蝶
							大翅鲼鲉
							真牡蛎
							北太平洋雪蟹
							枪乌贼
							云纹石斑鱼
							八角
							叉牙鱼
							鳗鱼
							鲂鮄
							北极贝
							鲛鳞鱼
							海鳗
							河豚
							金目鲷
							蛤蜊
							银宝鱼
							海胆
							阿留申平鲉
							萤乌贼
							飞鱼
							幼鲦
							时鲑
							毛蟹
							鲣鱼
							竹笑鱼
							文蛤
							青口贝
							泽蟹
							菲律宾蛤仔
							东洋鲈
							小鲹鱼
							丝背细鳞鲀
							梭子鱼
							柳叶鱼
							蓝点马鲛
							海参
							红方头鱼
							海青菜
							黑背鳁
							白虾
							九齿扇虾
							沙丁鱼
							龟足
							海蜇
							黄金鲑鱼子
							王鲑
							梭子蟹
							滑顶薄壳鸟蛤
							黑鲹鱼

247

▼ "前几天，有朋友来过哦！"满面笑容跟我打招呼的是小田保的父亲。他做饭的味道太赞了，我是他的超级粉丝。

▼最爱小田保的叉烧肉鸡蛋。最讲究的吃法就是土豆泥沙拉多一点，再淋上些蛋黄酱。

▼鱼巷的理事（当时）、爱养咖啡店的竹内先生。每次见面都会分享各种美酒和美食的信息。

▲与公与私都很照顾我的大力商店的原田社长。教授我们夫妇二人最宝贵的鱼的知识。

まぐろ屋

魚貝類 活タラバ
活毛ガニ 活ズワイガニ
その他仕出し受承ります 地方発送致します

斎藤水産㈱ 2号店
☎3541-2314~5

来回穿梭在齐藤水产总店和2号店之
间，去附近的商店采购，在市场内来
回搬运货物······我平时都是这样吧嗒
吧嗒走个不停。

▼齐藤水产的菜刀都购自于杉本商店。我用的菜刀自然也出自杉本商店，真的非常好用。

▲一直关注我女儿成长的山本商店的社长夫妇。看着孙子的照片，滔滔不绝地跟我聊起家人的趣事。

▼我和丈夫都敬仰的尾坪水产的渡边先生。他教给我各种处理鱼的方法。而且非常擅长K歌。

▲在筑地工作的证据。伊藤UROKO的长靴穿着特别舒服，设计简单又不失时尚。

筑 地 人 写 给 栗 原 友 的 话

齐藤水产
齐藤又雄

栗原友仿佛被筑地同化了一样，非常佩服她用极大的热情吸收着各种鱼类知识。希望今后你能继续向人们传达"怀着一颗感恩之心，享受鱼的美味"。

尾坪水产
渡边光男

除了金枪鱼，不同季节还有很多脂肪丰富、品质俱佳的鱼。小栗，以后要继续吃更多种类的金枪鱼，并不断创新菜谱。

大力商店
原田胜

听闻小友要出书了，无比开心。还记得去年年末你肩上扛着腌鲣鱼来店里的样子，实在太帅了！

山本商店
山本正人

少喝点酒，多吃点豆子。一位卖豆子的大叔很担心你哦。

伊藤UROKO
伊藤嘉奈子

小友，作为女同胞，我会继续支持你的鱼料理和用鱼做的婴儿辅食，加油！

爱养咖啡店
竹内雅夫

除了酒小友最爱喝的就是爱养了。这次出的书不是关于酒的，是关于鱼的，祝贺！

杉本刃物
石川惣一

每天在筑地与鱼零距离接触的栗原友，我会一直等着你来，再一起聊聊菜刀。

小田保
田中宏明

小友，工作辛苦啦！同时忙着筑地的工作和网络连载，真是太不容易了，今后继续用你丰富的经历和知识武装自己吧！

岩佐寿司
岩田美佐绘

一看到小友的脸大家都会不自觉地露出笑容。如向日葵般灿烂的小友。能品尝到小友的手艺，更是开心不已。

后　记

　　2013 年 1 月，我开始在朝日新闻网站上发表连载，当时从未想过会将连载内容装订成册出版。值此书出版之际，看到手边连续写了三年半的原稿，竟无语凝噎。由此可见，我也吃了不少鱼。

　　说到这三年来的变化，也是数不胜数。我学会了处理鱼；我不再害怕筑地了；我爱上吃鱼了；我结婚生子了；家里小鱼图案的物件不断增多，女儿的玩具也都是小鱼造型的；齐藤水产的社长过世了；一直关照我的仲买先生也退休了；原本熙熙攘攘的齐藤水产，如今已经关张了……马上就要迎来连载的第四个年头了，仍有很多鱼我没有吃过，仍有很多鱼我没有处理过。

　　我期望通过连载能将鱼的魅力传达给各位，让大家对鱼产生兴趣，平时餐桌上也能多一盘鱼料理。这也是我写连载的动力和初衷。我也仅仅在怀孕期间因紧急住院停写过一次。当时还在我肚子里的女儿现在马上就两岁了，快到能吃生鱼片的年龄了。到时候我家餐桌上肯定会有更多的鱼料理吧。原本那么喜欢吃肉的我变得如此喜欢吃鱼，真是不可思议。这三年半来，我确实爱上了吃鱼，而且还特别享受烹调各种鱼料理。

　　因为想把自己初次处理鱼、烹调鱼时的感动传达给学生，我于 2014 年创办了专门教授鱼类处理方法的料理教室。非常感谢各位的支持，同时也收到学生们"没想到这么有趣""在超市寻找鱼也很有意思"之类的反馈。也有很多看了连载的读者专门来料理教室学习的。这些都是作为一名美食家才有的幸福感。

连载会持续到何时？我的终点在哪里？就算有一天连载结束了，我的生活仍会不断烹调各种鱼。在这个世界上，有太多种类的鱼，多到我一辈子都吃不完。肯定还有很多我未见过的、脂肪丰富、味道浓郁的鱼……我的"鱼之道"还有很长很长。我会继续写连载，同时期待与更多的鱼相识。

栗原友

2016 年 8 月

图书在版编目（CIP）数据

筑地鱼道 / (日) 栗原友著 ; 唐晓艳译. —— 海口 :
南海出版公司, 2018.8
　　ISBN 978-7-5442-9356-3

　　Ⅰ. ①筑… Ⅱ. ①栗… ②唐… Ⅲ. ①海产鱼类 – 基
本知识 – 日本 Ⅳ. ①Q959.4

中国版本图书馆CIP数据核字(2018)第127369号

著作权合同登记号　　图字：30-2018-019
TITLE：［クリトモのさかな道 築地が教えてくれた魚の楽しみ方］
BY：〔栗原　友〕
Copyright © Tomo Kurihara 2016
Original Japanese language edition published by Asahi Shimbun Publications Inc.
All rights reserved. No part of this book may be reproduced in any form without the written permission of the publisher.
Chinese translation rights arranged with Asahi Shimbun Publications Inc., Tokyo through NIPPAN IPS Co., Ltd.

本书由日本朝日新闻出版社授权北京书中缘图书有限公司出品并由南海出版公司在中国
范围内独家出版本书中文简体字版本。

ZHUDI YU DAO
筑地鱼道

策划制作：北京书锦缘咨询有限公司（www.booklink.com.cn）
总　策　划：陈　庆
策　　　划：邵嘉瑜

作　　　者：〔日〕栗原友
译　　　者：唐晓艳
责任编辑：雷珊珊
排版设计：王　青
出版发行：南海出版公司　电话：（0898）66568511（出版）　（0898）65350227（发行）
社　　　址：海南省海口市海秀中路51号星华大厦五楼　邮编：570206
电子信箱：nhpublishing@163.com
经　　　销：新华书店
印　　　刷：北京美图印务有限公司
开　　　本：889毫米×1194毫米　1/32
印　　　张：8
字　　　数：196千
版　　　次：2018年8月第1版　　2018年8月第1次印刷
书　　　号：ISBN 978-7-5442-9356-3
定　　　价：58.00元